數位邏輯設計

黃慶璋、吳明順　編著

全華圖書股份有限公司

序言

　　除非與世隔絕，否則你(妳)一定與數位化的電子商品(手機、電腦、數位相機……)脫離不了關係；隨著時代的進步，數位化的多樣、便利性產品，對人類的生活影響將會逐漸加深。

　　想瞭解、進入數位的奇妙世界嗎？本書正是最好的橋樑；從數位基本原理的介紹到日常生活的簡單設計、應用，有系統且深入淺出的解說，讓初學者建立一完整的數位邏輯設計基礎。為了使讀者能快速、有效的吸收書中所闡述的內容，每每於講述原理或觀念之後，即輔以適當的應用實例加以說明；加上各章節之後的習題，相信定能幫助讀者完全、深入瞭解該章的精華所在；而各章開始的首頁也明白說明該章的重點所在，在在指引讀者輕鬆學好本書，所以在此不多加贅述。此外，教師手冊除了習題詳解外，尚有相關的補充資料與測驗，提供授課教師靈活應用。

　　本書除了適合電子、資訊、電機、控制等相關工程學系的"數位邏輯設計"課程外，也適用於個人進修或相關從業人員的參考，當然也可以作為準備考試之用。末了，感謝全華圖書公司編輯部的全力協助，本書才能順利出版。

編者　黃慶璋　於台南

「系統編輯」是我們的編輯方針，我們所提供給您的，絕不只是一本書，而是關於這門學問的所有知識，它們由淺入深，循序漸進。

本書從數位基本原理的介紹到日常生活的簡單設計、應用，有系統且深入淺出的解說，讓初學者建立一完整的數位邏輯設計基礎。爲了使讀者能快速、有效的吸收書中所闡述的內容，每每於講述原理或觀念之後，即輔以適當的應用實例加以說明。內容包括有：數字系統、布林代數與化簡、基本邏輯閘與第摩根定理、組合邏輯的設計與應用、正反器等；適合技術學院電子、電機系『數位邏輯設計』課程使用。想瞭解、進入數位的奇妙世界嗎？本書正是最好的橋樑！

同時，爲了使您能有系統且循序漸進研習相關方面的叢書，我們以流程圖方式，列出各有關圖書的閱讀順序，以減少您研習此門學問的摸索時間，並能對這門學問有完整的知識。若您在這方面有任何問題，歡迎來函連繫，我們將竭誠爲您服務。

相關叢書介紹

書號：05448
書名：數位邏輯電路實習
編著：周靜娟.鄭光欽.黃孝祖.吳明瑞

書號：05567
書名：FPGA/CPLD 數位電路設計入門
　　　與實務應用－使用 Quartus II
　　　（附系統.範例光碟）
編著：莊慧仁

書號：06395
書名：FPGA 系統設計實務入門－
　　　使用 Verilog HDL：Intel/Altera
　　　Quartus 版
編著：林銘波

書號：04C18
書名：可程式邏輯設計實習全一冊
　　　（附範例、動態影音教學光碟及
　　　PCB 板）
編著：鄭旺泉.張元庭.林佳沂

書號：06001
書名：數位模組化創意實驗
　　　（附數位實驗模組 PCB）
編著：盧明智.許陳鑑.王地河

書號：06510
書名：乙級數位電子術科解析
　　　（使用 Verilog）
編著：張元庭

流程圖

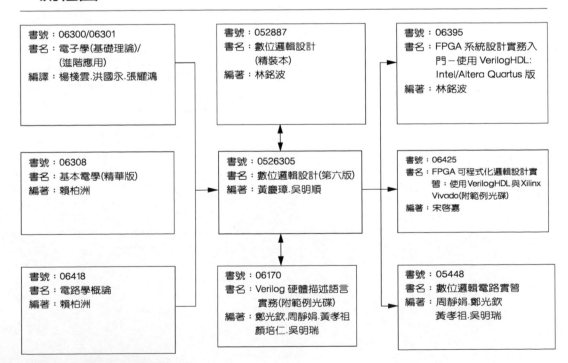

目錄

1

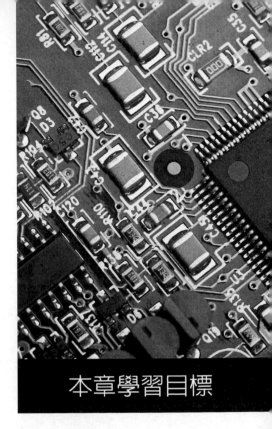

數字系統

本章學習目標

也許可能是人類大都擁有 10 隻手指，所以大家習以爲常地使用十進位的方式來計算數目，但是在各種的自動控制及電腦的運算中，卻常使用 0 與 1 的二進位；因爲數位電路中的元件不是工作在導通(ON)的狀態，就是工作在截止(OFF)的狀態。由於只有兩種工作狀態，剛好符合二進位 0 與 1 的表示。

■ 1. 各種進位(十進位、二進位、八進位及十六進位)的表示法與其差異。

■ 2. 各種進位的互換方法。

■ 3. 補數的概念與二進位的減法。

■ 4. 常用數字碼(格雷碼、BCD 碼及 ASCII 碼)的介紹。

■ 5. 數碼的檢誤與更正。

▣ 1-1 十進位表示法

記得小時候，在做簡單的加、減法時，常常以 10 隻手指頭當作補助運算的工具，加上個、拾、百、千、萬……，大家琅琅上口的順口溜；**十進位(Decimal)**的表示法，毫無疑問地，是我們使用最早且最熟悉的數目系統了。

十進位的數目系統，由 0、1、2、3、4、5、6、7、8、9 共十個不同的數字所組合來表示一個數目，是一種以 10 為基底(或稱底數，即一數目系統中所使用的數字個數；亦表示逢 10 進位)的數目系統。在十進位的數目系統中，每一數字都有其大小不同的**權值(weight)**，也就是每一數字所在的位置都代表著 10 的若干乘方，例如十進位數目 2937 中，2 代表 2000，9 代表 900，3 代表 30，7 代表 7，若用式子來表示，則為

$$2937 = 2 \times 10^3 + 9 \times 10^2 + 3 \times 10^1 + 7 \times 10^0$$

其中　　2 在該數目中的權值(10^3)最高，稱為**最高有效數位(MSD，Most Significant Digit)**

7 在該數目中的權值(10^0)最低，稱為**最低有效數位(LSD，Least Significant Digit)**

又如十進位數目 48.375，可以表示為

$$48.375 = 4 \times 10^1 + 8 \times 10^0 + 3 \times 10^{-1} + 7 \times 10^{-2} + 5 \times 10^{-3}$$

其中　　4 的權值(10^1)最高，稱為 MSD，而

5 的權值(10^{-3})最低，稱為 LSD

一般而言，常用的數目系統有二進位、八進位、十進位及十六進位等，不論那一種數目系統，都可以用下列的式子來表示；往後只要能用此方式來表示的數碼，均可稱為加權碼。

$$a_n a_{n-1} \cdots a_1 a_0 \cdot a_{-1} a_{-2} \cdots_{(r)}$$
$$= a_n \times r^n + a_{n-1} \times r^{n-1} + \cdots + a_1 \times r^1 + a_0 \times r^0 + a_{-1} \times r^{-1}$$
$$+ a_{-2} \times r^{-2} + \cdots$$

其中 (1) r 為基底或稱基數(base, radix)，若 $r=10$，即表示該數目為十進位。

(2)每個 a 序列(a_n、a_{n-1}……)數字，可分別為 0 至 $r-1$ 間的任一數字。

例如：9348_{10}、$(1356)_{10}$、$14.567_{(10)}$均可表示十進位數目，且將基底 10 以下標字寫法，用以區別與數目的數字不同；往後其他進位的表示，都將依照此方式哦！

1-2 二進位表示法

早在十七世紀的時候，德國數學家萊布尼茲(Leibnitz)即曾提出有關二進位數目系統；但直到近數拾年來，電子計算機(俗稱電腦)廣為大家使用，二進位(binary)數目系統才又重見天日，流行起來。由於電腦內部的電子元件，不是工作在導通(ON)的狀態，就是工作在截止(OFF)的狀態，此現象剛好與二進位數目系統只有 1 與 0 兩種狀態的概念，不謀而合。

二進位的數目系統，只由 0 與 1 兩個數字所組合，用來表示一個數目，且以 2 為基底，逢 2 便進位的數目系統；如同十進位數目系統般，在二進位的數目系統裏，每一數字都有其不同的權值，亦即代表著 2 的若干乘方。例如二進位數目 101100，可以用下列的式子來表示，即

$$\begin{aligned}101100_{(2)} &= 1\times2^5+0\times2^4+1\times2^3+1\times2^2+0\times2^1+0\times2^0\\ &= 32+8+4\\ &= 44_{(10)}\end{aligned}$$

其中，由於二進位數目系統的每一數字特別稱為“位元”(bit，為binary digit 的縮寫)，所以在最左邊的位元(“1”)，由於權值(2^5)最高，稱為**最高有效位元(MSB，Most Significant Bit)**，而最右邊的位元(“0”)，由於權值(2^0)最低，稱為**最低有效位元(LSB，Least Significant Bit)**。表 1-1 所示為二進位數與其相對應的十進位數對照表。

表 1-1　二進位數與其相對應的十進位數對照表

二進位數	十進位數
0	0
1	1
1 0	2
1 1	3
1 0 0	4
1 0 1	5
1 1 0	6
1 1 1	7
1 0 0 0	8
1 0 0 1	9
1 0 1 0	10
1 0 1 1	11
1 1 0 0	12
1 1 0 1	13
1 1 1 0	14
1 1 1 1	15
1 0 0 0 0	16
⋮⋮⋮⋮⋮	⋮

▣ 1-3　八進位表示法

八進位(Octal)的數目系統，由 0、1、2、3、4、5、6、7 共八個不同的數字所組合，用來表示一個數目，且以 8 為基底，逢 8 即進位的數目系統，例如：

$$630.7_{(8)} = 6 \times 8^2 + 3 \times 8^1 + 0 \times 8^0 + 7 \times 8^{-1}$$
$$= 384 + 24 + 0.875$$
$$= 408.875_{(10)}$$

其中，6 為 MSD，其權值為 8^2，而 7 為 LSD，其權值為 8^{-1}；表 1-2 所示為八進位數與其相對應的二進位數及十進位數對照表

表 1-2　八進位數與其相對應的二進位數及十進位數對照表

八進位數	二進位數	十進位數
0	0	0
1	1	1
2	10	2
3	11	3
4	100	4
5	101	5
6	110	6
7	111	7
10	1000	8
11	1001	9
12	1010	10
⋮	⋮	⋮
17	1111	15
20	10000	16
21	10001	17
⋮	⋮	⋮

◫ 1-4　十六進位表示法

　　二進位的表示法，雖然很能符合電腦內部元件的動作情形，但是對人類的視覺而言，很容易混淆看錯，尤其是位元數一多的情況；所以在微電腦的程式設計或分析上，均使用十六進位表示法，以方便讀、寫。

　　十六進位(Hexadecimal)數目系統示以 16 為基底，由 0、1、2、3、4、5、6、7、8、9、A(代表 10)、B(代表 11)、C(代表 12)、D(代表 13)、E(代表 14)、F(代表 15)共十六個不同的數字所組合，用來表示一個數目，且逢 16 即進位的數目系統；例如：

表 1-3　十六進位數與其相對應的二、八、十進位數對照表

十六進位數	二進位數	八進位數	十進位數
0	0	0	0
1	1	1	1
2	10	2	2
3	11	3	3
4	100	4	4
5	101	5	5
6	110	6	6
7	111	7	7
8	1000	10	8
9	1001	11	9
A	1010	12	10
B	1011	13	11
C	1100	14	12
D	1101	15	13
E	1110	16	14
F	1111	17	15
10	10000	20	16
⋮	⋮	⋮	⋮

$$1C9_{(16)} = 1 \times 16^2 + 12 \times 16^1 + 9 \times 16^0$$

$$= 256 + 192 + 9$$

$$= 457_{(10)}$$

其中，1為MSD，其權值為16^2，而9為LSD，其權值為16^0；表1-3所示為十六進位數與其相對應的二、八、十進位數對照表。

在十六進位的表示法中，亦常有人以H (取Hexadecimal之字首字母)來表示，如3A4H，1234H，來取代原$3A4_{(16)}$、$(1234)_{16}$的表示方法。

■ 1-5　數字表示法的互換

二進位數轉換成十進位數、八進位數轉換成十進位數及十六進位數轉換成十進位數的方法，前面幾小節均已介紹演練過了，相信大家都已知道其方法為——只要

將各數字乘以其權值，然後將各項數值總和起來，如此便是其相對應十進位表示法的數值；為了加強大家對各種數字表示法轉換成十進位數的方法，以下再舉幾個例子練習一下。

例題 1

$$1101.011_{(2)} = 1 \times 2^3 + 1 \times 2^2 + 0 \times 2^1 + 1 \times 2^0 + 0 \times 2^{-1} + 1 \times 2^{-2} + 1 \times 2^{-3}$$
$$= 8 + 4 + 1 + 0.25 + 0.125$$
$$= 13.375_{(10)}$$

例題 2

$$56.4_{(8)} = 5 \times 8^1 + 6 \times 8^0 + 4 \times 8^{-1}$$
$$= 40 + 6 + 0.5$$
$$= 46.5_{(10)}$$

例題 3

$$2CA.8H = 2 \times 16^2 + 12 \times 16^1 + 10 \times 16^0 + 8 \times 16^{-1}$$
$$= 512 + 192 + 10 + 0.5$$
$$= 714.5_{(10)}$$

1-5-1　十進位數轉換成二進位數

整數的十進位數轉換成二進位數

常用的方法有兩種，一為**權值比例和法(sum of weights method)**，另一則為**2 的連除法(repeated division by 2 method)**；其中以第一種方法的轉換速度較快，但通常適用於較小的數目(小於 512)，而第二種方法則為系統化的方法。茲分別介紹如下：

1. 權值比例和法

此方法是直接找出總和等於被轉換的十進位數其適當權值比例的組合，較適用於數值不大(通常小於512較佳)，而且使用者須熟記2的各項乘方值，如

$$2^0 = 1 \qquad 2^5 = 32$$
$$2^1 = 2 \qquad 2^6 = 64$$
$$2^2 = 4 \qquad 2^7 = 128$$
$$2^3 = 8 \qquad 2^8 = 256$$
$$2^4 = 16 \qquad 2^9 = 512$$

其轉換的方法要點，如下面的例子所述：

例題 4

試將 $108_{(10)}$ 轉換成二進位數

解

$$
\begin{array}{r}
108 \\
- \quad 64 \\
\hline
44
\end{array}
$$
------▶ 最接近 108，且小於或等於 108 的 2 的乘方值為 64 (2^6)

$$
\begin{array}{r}
- \quad 32 \\
\hline
12
\end{array}
$$
------▶ 最接近 44，且小於或等於 44 的 2 的乘方值為 32 (2^5)

$$
\begin{array}{r}
- \quad 8 \\
\hline
4
\end{array}
$$
------▶ 最接近 12，且小於或等於 12 的 2 的乘方值為 8 (2^3)

$$
\begin{array}{r}
- \quad 4 \\
\hline
0
\end{array}
$$
------▶ 最接近 4，且小於或等於 4 的 2 的乘方值為 4 (2^2)

所以 $108_{(10)} =$　1　1　0　1　1　0　$0_{(2)}$

$\qquad\qquad\qquad\quad 2^6\ 2^5\ 2^4\ 2^3\ 2^2\ 2^1\ 2^0$

$\qquad\qquad\qquad\quad 64\ 32\ 16\ 8\ 4\ 2\ 1$　(各位元的權值)

例題 5

試將 $243_{(10)}$ 轉換成二進位數

解

$$
\begin{array}{r}
243 \\
-\ 128 \\
\hline
115 \\
-\ 64 \\
\hline
51 \\
-\ 32 \\
\hline
19 \\
-\ 16 \\
\hline
3 \\
-\ 2 \\
\hline
1 \\
-\ 1 \\
\hline
0
\end{array}
$$

最接近 243，且小於或等於 243 的 2 的乘方值為 128 (2^7)

最接近 115，且小於或等於 115 的 2 的乘方值為 64 (2^6)

最接近 51，且小於或等於 51 的 2 的乘方值為 32 (2^5)

最接近 19，且小於或等於 19 的 2 的乘方值為 16 (2^4)

最接近 3，且小於或等於 3 的 2 的乘方值為 2 (2^1)

最接近 1，且小於或等於 1 的 2 的乘方值為 1 (2^0)

所以 $243_{(10)}=$　1　1　1　1　0　0　1　$1_{(2)}$

2^7　2^6　2^5　2^4　2^3　2^2　2^1　2^0

128　64　32　16　8　4　2　1　　(各位元的權值)

2. 2 的連除法

此方法屬於較有系統化的方法，將十進位數連續除以 2，且第一次除 2 之餘數為最低有效位元(LSB)，第二次除 2 之餘數為次低有效位元，以此類推，最後無法再除 2 的餘數即為最高有效位元(MSB)，如此將各餘數依反方向(由下往上)排序，就是等值的二進位數目了。

例題 6

試將 $35_{(10)}$ 轉換成二進位數

解

```
2 | 35    餘數
  2 | 17 — 1 ↑
    2 | 8 — 1
      2 | 4 — 0
        2 | 2 — 0
          1 — 0
```
反序寫出

所以 $35_{(10)} = 100011_{(2)}$

例題 7

試將 $79_{(10)}$ 轉換成二進位數

解

```
2 | 79    餘數
  2 | 39 — 1 ↑
    2 | 19 — 1
      2 | 9 — 1
        2 | 4 — 1
          2 | 2 — 0
            1 — 0
```
反序寫出

所以 $79_{(10)} = 1001111_{(2)}$

有小數的十進位數轉換成二進位數

　　將整數與小數分開，整數部份依前述的方法求得，而小數部份則分別連續乘 2，若有進位，則將進位的整數部份提出記下；若無進位，則記錄為 0，以此類推，持續乘 2，直到沒有小數為止；最後依序(由上往下)排列就是等值(或近似)的二進位數目了。

例題 8

試將 $0.375_{(10)}$ 轉換成二進位數

解

$$
\begin{array}{r}
0.375 \\
\times \quad 2 \\
\hline
0.750 \quad\text{—}\quad 0 \\
\times \quad 2 \\
\hline
1.50 \quad\text{—}\quad 1 \\
\times \quad 2 \\
\hline
1.0 \quad\text{—}\quad 1
\end{array}
$$

提出進位部份

依序寫出

所以 $0.375_{(10)} = 0.011_{(2)}$

例題 9

試將 $19.3125_{(10)}$ 轉換成二進位數

解

整數部份

$$
\begin{array}{r}
2\,|\,19 \\
2\,|\,9\;\text{—}\;1 \\
2\,|\,4\;\text{—}\;1 \\
2\,|\,2\;\text{—}\;0 \\
1\;\text{—}\;0
\end{array}
$$

反序寫出

所以 $19_{(10)} = 10011_{(2)}$

小數部份

$$
\begin{array}{r}
0.3125 \\
\times \quad 2 \\
\hline
0.6250 \quad\text{—}\quad 0 \\
\times \quad 2 \\
\hline
1.250 \quad\text{—}\quad 1 \\
\times \quad 2 \\
\hline
0.50 \quad\text{—}\quad 0 \\
\times \quad 2 \\
\hline
1.0 \quad\text{—}\quad 1
\end{array}
$$

提出進位部份

依序寫出

所以 $0.3125_{(10)} = 0.0101_{(2)}$

故 $19.3125_{(10)} = 10011.0101_{(2)}$

1-5-2 十進位數轉換成八進位數

在整數部份,若採用權值比例和法似乎不是很好的方法,因為 8 的乘方不若 2 的乘方值來得熟悉;所以**在整數部份,採用連除法**似乎是較佳的方法,而**小數部份則仍採用連乘法**,如同十進位數轉換成二進位數一般,所不同的,只是改用 8 來連除或連乘而已,其餘的作法與步驟皆雷同。

例題 10

試將 $401_{(10)}$ 轉換成八進位數

解

$$\begin{array}{r|l} 8 & 401 \\ \hline 8 & 50 \;—1 \\ \hline & 6\;—2 \end{array}$$

所以 $401_{(10)} = 621_{(8)}$

例題 11

試將 $142.6875_{(10)}$ 轉換成八進位數

解

整數部份

$$\begin{array}{r|l} 8 & 142 \\ \hline 8 & 17 —6 \\ \hline & 2 —1 \end{array}$$

所以 $142_{(10)} = 216_{(8)}$

小數部份

$$\begin{array}{r} 0.6875 \\ \times \quad 8 \\ \hline 5.5000 \;—5 \\ \times \; 8 \\ \hline 4.0 \quad —4 \end{array}$$

所以 $0.6875_{(10)} = 0.54_{(8)}$

故 $142.6875_{(10)} = 216.54_{(8)}$

1-5-3　十進位數轉換成十六進位數

方法與十進位數轉換成八進位數雷同，只是改用 16 來連除或連乘而已，其餘的作法與步驟皆相同。

例題 12

試將 $1242_{(10)}$ 轉換成十六進位數

$$
\begin{array}{r}
16\,\underline{)\,1242} \quad \text{餘數} \\
16\,\underline{)\,\ \ 77} - 10\,(\,\text{A}\,) \\
4 - 13\,(\,\text{D}\,)
\end{array}
$$

所以 $1242_{(10)} = 4\text{DAH}$

例題 13

試將 $158.8125_{(10)}$ 轉換成十六進位數

整數部份

$$
\begin{array}{r}
16\,\underline{)\,158} \quad \text{餘數} \\
9 - 14\,(\,\text{E}\,)
\end{array}
$$

所以 $158_{(10)} = 9\text{EH}$

小數部份

$$
\begin{array}{r}
0.8125 \\
\times \quad 16 \\
\hline
4\,8750 \\
+\ 8\,125 \\
\hline
13.0000 - 13\,(\,\text{D}\,)
\end{array}
$$

所以 $0.8125_{(10)} = 0.\text{DH}$

故 $158.8125_{(10)} = 9\text{E.DH}$

1-5-4　二進位數、八進位數與十六進位數三者的互換

二進位數與八進位數的互換

　　由於 $2^3 = 8$ 的緣故，所以若要將二進位轉換成八進位數，在整數方面，只要以其 LSB 為起點(若含有整數與小數，則以小數點為起點)，向其 MSB 方向(左邊)每 3 位元為一組，即可轉換成等值的八進位數目。在小數方面，則以小數點為起點，向其右邊方向每 3 位元為一組(最後不足 3 位元的，則以 0 補滿)，即可轉換成等值的八進位數目。反之，若要將八進位數轉換成二進位數，只要將八進位數目中的每一個的數字，轉換成相對應的二進位數字(共 3 個位元)，再將所有被轉換出來的二進位數字集合在一起，即為八進位數的等值二進位數了。

例題 14

試將 $11010.0011_{(2)}$ 轉換成八進位數

解

$$\underbrace{0\,1\,1}_{3}\,\underbrace{0\,1\,0}_{2}\,.\,\underbrace{0\,0\,1}_{1}\,\underbrace{1\,0\,0}_{4}$$ ────▶ 小數點後，不足三位元 (數字) 的，補上 0，以免轉換錯誤。

MSB 前，可補上 0，或不補皆可。

所以 $11010.0011_{(2)} = 32.14_{(8)}$

例題 15

試將 $36.52_{(8)}$ 轉換成二進位數

解

$$\overset{3}{\overbrace{011}}\,\overset{6}{\overbrace{110}}\,.\,\overset{5}{\overbrace{101}}\,\overset{2}{\overbrace{010}}$$

所以 $36.52_{(8)} = 11110.10101_{(2)}$

二進位數與十六進位數的互換

　　轉換的方法雷同二進位數與八進位數的互換，但由於 $2^4 = 16$ 的緣故，所以只須將每三位元為一組的方式，改成每四位元為一組，即可將二進位數轉換成等值的十六進位數；另外，將十六進位數目中的每一位數字，轉換成相對應的二進位數字(共 4 個位元)，即可將十六進位數轉換成等值的二進位數了。

例題 16

試將 $1101101.10101_{(2)}$ 轉換成十六進位數

解

$$\underbrace{1101}_{6}\underbrace{101}_{D}.\underbrace{1010}_{A}\underbrace{1}_{8}$$

所以 $1101101.10101_{(2)} = 6D.A8H$

例題 17

試將 4FB.9H 轉換成二進位數

解

$$\underbrace{4}_{0100}\quad\underbrace{F}_{1111}\quad\underbrace{B}_{1011}.\underbrace{9}_{1001}$$

所以 $4FB.9H = 10011111011.1001_{(2)}$

八進位數與十六進位數的互換

　　兩者的互換方式，最快速且最好的方法，莫過於透過二進位數了；也就是將八進位數轉成二進位數後，再轉換成十六進位數，或者將十六進位數轉成二進位數後，再轉換成八進位數，皆可快速且正確地完成轉換。

例題 18

試將 $657.14_{(8)}$ 轉換成十六進位數

解

$$6 \quad 5 \quad 7 \ . \ 1 \quad 4_{(8)} = \underset{1}{\underbrace{110}}\underset{A}{\underbrace{1011}}\underset{F}{\underbrace{1111}} . \underset{3}{\underbrace{0011}}00_{(2)} = 1AF.3H$$

$$\underbrace{110101111} . \underbrace{001100}$$

例題 19

試將 6A.FH 轉換成八進位數

解

$$\underset{4}{\underbrace{4}}\quad \underset{F}{\underbrace{F}}\quad \underset{B}{\underbrace{B}} . \underset{9}{\underbrace{9}}$$

$$\underbrace{010}\underbrace{011}\underbrace{111}\underbrace{011} . \underbrace{1001}$$

1-6　二進位減法

　　為了**簡化數位電路的結構設計**，希望加、減、乘、除四則運算都可以只用一種**運算(加法)來完成**；例如減法運算可利用補數的方式來完成，乘法運算則是使用累加及移位的方法，而除法運算則採用累減及移位的方式即可達成。

　　說到二進位的減法，就不得不介紹**補數(complement)的觀念**，因為**將某正數取其補數，就相當於等值的負數**；如此可輕易地將減法的運算，經由取補數的方法，變成加法的運算了。

　　對於基底為 r 的數目系統而言，有兩種補數的表示方式，一為 r 的補數，另一則為 $r-1$ 的補數。例如在二進位數目系統就有 2 的補數及 1 的補數，而在十進位數目系統中，則有 10 的補數及 9 的補數。

1-6-1　$r-1$ 的補數

　　設含有 n 位整數、m 位小數，基底為 r 的正數 N，其 $r-1$ 的補數可定義為 $r^n - r^{-m} - N$。

例題 20

求 $110101_{(2)}$ 其 1 的補數

解

$110101_{(2)}$有 6 位整數，0 位小數，基底 $r = 2$

所以其 1 的補數為

$2^6 - 2^0 - 110101_{(2)}$

$= 1000000_{(2)} - 1_{(2)} - 110101_{(2)}$

$= 001010_{(2)}$

例題 21

求 $0.0110_{(2)}$ 其 1 的補數

解

$0.0110_{(2)}$有 0 位整數，4 位小數，基底 $r = 2$

所以其 1 的補數為

$2^0 - 2^{-4} - 0.0110_{(2)}$

$= 1_{(2)} - 0.0001_{(2)} - 0.0110_{(2)}$

$= 0.1001_{(2)}$

例題 22

求 $25.639_{(10)}$ 其 9 的補數

解

$25.639_{(10)}$有 2 位整數，3 位小數，基底 $r = 10$

所以其 9 的補數為

$10^2 - 10^{-3} - 25.639_{(10)}$

$= 100_{(10)} - 0.001_{(10)} - 25.639_{(10)}$

$= 74.360_{(10)}$

其實，若要背 $r-1$ 補數定義的式子，恐怕有點困難，若將 $r-1$ 的補數改成如下方式，不用背公式，也行得通哦！

例題 20 **另解**：

$$\begin{array}{r} 111111 \\ -110101 \\ \hline 001010 \end{array}$$

所以 $110101_{(2)}$ 其 1 的補數為 $001010_{(2)}$

例題 21 **另解**：

$$\begin{array}{r} 1111 \\ -0.0110 \\ \hline 0.1001 \end{array}$$

所以 $0.0110_{(2)}$ 其 1 的補數為 $0.1001_{(2)}$

例題 22 **另解**：

$$\begin{array}{r} 99\,999 \\ -25.639 \\ \hline 74.360 \end{array}$$

所以 $25.639_{(10)}$ 其 9 的補數為 $74.360_{(10)}$

不曉得大家看出其竅門沒？欲求其 $r-1$ 的補數，只要用 $r-1$ 去減去各個位數，所得結果即為所求。

1-6-2　r 的補數

設含有 n 位整數、m 位小數、基底為 r 的正數 N，其 r 的補數定義為

1. 當 $N \neq 0$ 時，其 r 的補數為 $r^n - N$。
2. 當 $N = 0$ 時，其 r 的補數為 0。

例題 23

求 $110101_{(2)}$ 其 2 的補數

解

$110101_{(2)}$ 有 6 位整數，所以其 2 的補數為

$2^6 - 110101_{(2)}$

$= 1000000_{(2)} - 110101_{(2)}$

$= 001011_{(2)}$

例題 24

求 $0.0110_{(2)}$ 其 2 的補數

解

有 0 位整數，所以其 2 的補數爲

$2^0 - 0.0110_{(2)}$

$= 1_{(2)} - 0.0110_{(2)}$

$= 0.1010_{(2)}$

例題 25

求 $25.639_{(10)}$ 其 10 的補數

解

有 2 位整數，所以其 10 的補數爲

$10^2 - 25.639_{(10)}$

$= 10_{(10)} - 25.639_{(10)}$

$= 74.361_{(10)}$

不曉得大家是否注意到——例 20 與例 23、例 21 與例 24、例 22 與例 25 的原數值皆相同，所不同之處在於一爲求 $r-1$ 的補數，另一則求 r 的補數，結果發現其答案只有一點點不同，那就是——**某數其 r 的補數等於其 $r-1$ 的補數加上在其 LSB (或 LSD)加 1**。也許如下的另解演算，會有更好的詮釋。

例題 23 **另解**：MSB　　　LSB

```
    111111
  − 110101
  ─────────
    001010 ──→ 其 1 的補數
  +      1
  ─────────
    001011
```

所以 $110101_{(2)}$ 其 2 的補數爲 $001011_{(2)}$

例題 24 **另解**：

```
      MSB   LSB
        1111
    −  0.0110
    ─────────
        0.1001  ──→ 其 1 的補數
    +        1
    ─────────
        0.1010
```

所以 $0.0110_{(2)}$ 其 2 的補數爲 $0.1010_{(2)}$

例題 25 **另解**：

```
      MSD    LSD
       99 999
    −  25.639
    ─────────
       74.360  ──→ 其 9 的補數
    +        1
    ─────────
       74.361
```

所以 $25.639_{(10)}$ 其 10 的補數爲 $74.361_{(10)}$

1-6-3 有符號位元的二進位表示法

此種表示法，常見有兩種方式，一爲 1 的補數，另一則爲 2 的補數表示法：其中 **2 的補數表示法為計算機中最常使用的方式**。

1 的補數表示法

在 n 位元有符號二進位數目系統中，利用最高有效位元(MSB)代表該數目的正、負符號，當其 MSB 爲 0 時，表示該數目爲正數(如 $00000011_{(2)}$ 表示 $+3$)；負數則以 1 的補數表示(如 $11111100_{(2)}$ 表示 -3)，此時其 MSB 必定爲 1。

以 4 位元的二進位數爲例，如表 1-4 所示爲**有符號位元 1 的補數表示法**，由表中可知

1. 0 有兩種表示法，將造成計算機的混淆。
2. 數目的表示範圍爲 -7 到 $+7$。

若將 4 位元，改爲 n 位元，則其可表示的範圍將爲 $-(2^{n-1}-1)$ 至 $+(2^{n-1}-1)$。

　　另外，由於採用 1 的補數方式作減法運算時，尚須考慮端迴進位(EAC，End Around Carry註 1.)，在電子電路上徒增困擾與複雜性，故一般計算機均不採用。

註 1.：端迴進位EAC，當以 1 的補數方式在計算時，若有進位，則須再與最低位元LSB相加，其運算結果方為正確。

表 1-4　有符號位元 1 的補數表示法

二進位	十進位
0111	＋ 7
0110	＋ 6
0101	＋ 5
0100	＋ 4
0011	＋ 3
0010	＋ 2
0001	＋ 1
0000	＋ 0
1111	－ 0
1110	－ 1
1101	－ 2
1100	－ 3
1011	－ 4
1010	－ 5
1001	－ 6
1000	－ 7

例題 26

試用 4 位元，以 1 的補數方式計算 $5_{(10)} - 3_{(10)}$

解

$+5_{(10)} = 0101_{(2)}$
$+3_{(10)} = 0011_{(2)}$
$-3_{(10)} = 1100_{(2)}$ ⟩ 取 1 的補數

人工計算方式

$$\begin{array}{r} 0101_{(2)} \\ - \ 0011_{(2)} \\ \hline 0010_{(2)} \end{array}$$

⟹

1 的補數方式計算

$$\begin{array}{r} 0101_{(2)} \\ + \ 1100_{(2)} \\ \hline 10001 \end{array}$$

EAC ⌐
→ $+ \quad 1$
$\overline{\quad 0010_{(2)}}$

↑
MSB=0，表示運算結果為正數

所以 $5_{(10)} - 3_{(10)} = 0010_{(2)} = + 2_{(10)}$

例題 27

試用 4 位元，以 1 的補數方式計算 $2_{(10)} - 6_{(10)}$

解

$+2_{(10)} = 0010_{(2)}$
$+6_{(10)} = 0110_{(2)}$
$-6_{(10)} = 1001_{(2)}$ ⟩ 取 1 的補數

人工計算方式

$$\begin{array}{r} 0010_{(2)} \\ - \ 0110_{(2)} \\ \hline - \ 0100_{(2)} \end{array}$$

⟹

1 的補數方式計算

$$\begin{array}{r} 0010_{(2)} \\ + 1001_{(2)} \\ \hline 1011_{(2)} \end{array}$$

↑
MSB=1，表示運算結果為負數

所以將運算結果 $1011_{(2)}$ 再取其 1 的補數得 $0100_{(2)} = + 4_{(10)}$，

故 $1011_{(2)}$ 代表 $-4_{(10)}$，即 $2_{(10)} - 6_{(10)} = - 4_{(10)}$

2 的補數表示法

2 的補數表示法與 1 的補數表示法類似，當 MSB ＝ 0 時，表示正數(如 00000111$_{(2)}$ 表示 ＋ 7)；負數則以 2 的補數表示(如 11111001$_{(2)}$ 表示 － 7)，此時，其 MSB 必定為 1。

以 8 位元的二進位數為例，如表 1-5 所示為有符號位元 2 的補數表示法，由表中可知：0 的表示法只有一種，且表示範圍較 1 的補數表示法稍大 (8 位元可表示的範圍為 － 128 至 ＋ 127)，若改為 n 位元，則可表示範圍為 －(2^{n-1}) 至 ＋(2^{n-1} － 1)。

當採用 2 的補數方式作減法運算時，可直接將進位捨去，不用如 1 的補數方式運算時，須作端迴進位(EAC)的動作，故一般計算機均使用此種方法。

表 1-5　有符號位元 2 的補數表示法

十進位	二進位	十六進位
－ 128	10000000	80
－ 127	10000001	81
－ 126	10000010	82
－ 125	10000011	83
－ 124	10000100	84
⋮	⋮	⋮
－ 3	11111101	FD
－ 2	11111110	FE
－ 1	11111111	FF
0	00000000	00
＋ 1	00000001	01
＋ 2	00000010	02
＋ 3	00000011	03
⋮	⋮	⋮
＋ 125	01111101	7D
＋ 126	01111110	7E
＋ 127	01111111	7F

例題 28

試用 4 位元，以 2 的補數方式計算 $5_{(10)} - 3_{(10)}$

解

$+5_{(10)} = 0101_{(2)}$
$+3_{(10)} = 0011_{(2)}$
$-3_{(10)} = 1101_{(2)}$ ⤸ 取 2 的補數

人工計算方式　　　　電腦計算方式

$$\begin{array}{r} 0101_{(2)} \\ -\ 0011_{(2)} \\ \hline 0010_{(2)} \end{array} \Rightarrow \begin{array}{r} 0101_{(2)} \\ +\ 1101_{(2)} \\ \hline 1\,0010 \end{array}$$

進位捨去 → $1\,0010$

MSB=0，表示運算結果為正數

所以 $5_{(10)} - 3_{(10)} = 0010_{(2)} = +2_{(10)}$

例題 29

試用 4 位元，以 2 的補數方式計算 $2_{(10)} - 6_{(10)}$

解

$+2_{(10)} = 0010_{(2)}$
$+6_{(10)} = 0110_{(2)}$
$-6_{(10)} = 1010_{(2)}$ ⤸ 取 2 的補數

人工計算方式　　　　電腦計算方式

$$\begin{array}{r} 0010_{(2)} \\ -\ 0110_{(2)} \\ \hline -\ 0100_{(2)} \end{array} \Rightarrow \begin{array}{r} 0010_{(2)} \\ +\ 1010_{(2)} \\ \hline 1100_{(2)} \end{array}$$

MSB=1，表示運算結果為負數

所以將運算結果 $1100_{(2)}$ 再取其 2 的補數得 $0100_{(2)} = +4_{(10)}$，
故 $1100_{(2)}$ 代表 $-4_{(10)}$，即 $2_{(10)} - 6_{(10)} = -4_{(10)}$

溢　位

當計算機執行算術運算，若所得的結果超出其所能表示的範圍時，此現象稱為**溢位(over-flow)**，即表示運算結果發生錯誤，答案是不正確的；在大部分的中央處理單元(CPU)中均有一溢位旗號(OF，over-flow flag)，用以記錄CPU執行運算的過程中有否發生溢位，而**溢位旗號(OF)**的定義為

$$OF = C_n \oplus C_{n-1}$$

其中，C_n表示最高有效位元(MSB)相加後的進位，C_{n-1}則表示次高有效位元(MSB的右邊位元)相加後的進位；$\oplus$符號則表示C_n與C_{n-1}執行互斥或(XOR)運算，即當C_n與C_{n-1}不相同時，OF $= 1$，若C_n與C_{n-1}相同(同時為1或同時為0)時，則OF $= 0$。

以 4 位元為例，其 2 的補數表示法範圍為-2^{4-1}至$+(2^{4-1}-1)$，即-8至$+7$；當執行 $7_{(10)} - 4_{(10)} = +3_{(10)}$ 時，不會發生溢位，但執行$-4_{(10)} - 6_{(10)}$ 時，則將發生溢位，所得的結果是錯誤的。

例題 30

試用 4 位元，以 2 的補數方式計算 $7_{(10)} - 4_{(10)}$

解

$$+7_{(10)} = 0111_{(2)}$$
$$+4_{(10)} = 0100_{(2)}$$
$$-4_{(10)} = 1100_{(2)} \Big\} \text{取 2 的補數}$$

$$C_{n-1} = 1$$
$$C_n = 1$$

$$\begin{array}{r} 0111_{(2)} \\ + 1100_{(2)} \\ \hline 1\,0011_{(2)} \end{array}$$

進位捨去

└── MSB=0，表示運算結果為正數

由於 OF $=C_n \oplus C_{n-1} = 1 \oplus 1 = 0$，表示運算過程沒有發生溢位，結果是正確的，所以 $7_{(10)} - 4_{(10)} = 0011_{(2)} = +3_{(10)}$

例題 31

試用 4 位元，以 2 的補數方式計算 $-4_{(10)} - 6_{(10)}$

解

$+4_{(10)} = 0100_{(2)}$ 取 2 的補數得 $-4_{(10)} = 1100_{(2)}$

$+6_{(10)} = 0110_{(2)}$ 取 2 的補數得 $-6_{(10)} = 1010_{(2)}$

$$
\begin{array}{r}
C_{n-1}=0 \\
C_n=1 \\
1100_{(2)} \\
+\ 1010_{(2)} \\
\hline
1\,0110_{(2)}
\end{array}
$$

進位捨去

MSB=0，表示運算結果為正數

由於 OF $= C_n \oplus C_{n-1} = 1 \oplus 0 = 1$，表示運算過程發生溢位，結果是錯誤的。

從前面的數個例子中可以發現，當運算結果超出 n 位元所能表示的範圍時，就會發生溢位；如 $-4_{(10)} - 6_{(10)} = -10_{(10)}$ 已經超出 4 位元所能表示的範圍 -8 至 $+7$，所以運算的結果是錯誤的。

◨ 1-7　常用數字碼

前面幾節中雖已介紹過二進位數碼、八進位數碼、十進位數碼及十六進位數碼，但是還有一些數字碼，廣為大家所使用，茲將分別介紹如下：

1-7-1　BCD 碼

　　BCD 碼(Binary Coded Decimal，二進碼十進數)是以 4 個位元(bit)來表示一個十進位的數，如表 1-6 所示為 BCD 碼與十進碼的對照表，由表中可發現 BCD 碼的前 10 碼(0～9)與二進位數碼完全一樣，而 10 碼以後就不同了。例如 $17_{(10)}$，若以BCD碼表示，則為 $00010111_{(BCD)}$；另外，由於BCD碼仍為一加權碼(如 $0111_{(BCD)}$ $=0\times2^3+1\times2^2+1\times2^1+1\times2^0=7_{(10)}$)，故又常以其權值稱為 8421 碼。

表 1-6　BCD 碼與十進碼的對照表

BCD 碼	十進碼
0000	0
0001	1
0010	2
0011	3
0100	4
0101	5
0110	6
0111	7
1000	8
1001	9
00010000	10
00010001	11
00010010	12
⋮	⋮
00100000	20
⋮	⋮

　　BCD 碼的特色是將十進位數以 4 個位元的二進位數組合，既適合人類閱讀，又適合電腦運算，故廣受大家喜愛。

1-7-2　格雷碼

　　格雷碼(Gray Code)是相鄰的兩碼中，變化最少的一種碼，尤其是由一數目變化到下一相鄰的數目時，僅僅只有一個位元的不同；由於此種特性，故十分適合應用於一般之輸入／輸出檢誤和類比／數位轉換器(A/D Converter)上，用以減少資料傳送及轉換時發生錯誤(因為類比的資料常常為連續性的資料)。

　　如表 1-7 所示為 0 到 15 的格雷碼與其他數碼的對照表；由表中可看出相鄰的格雷碼，只有一個位元不同，如 $7_{(10)}$ 與 $8_{(10)}$ 兩數，其格雷碼分別為 0100 及 1100，僅只有 G_3 不同；且表的上、下部份有如鏡子般反射，故又稱為反射碼(reflected code)。另外，由於格雷碼非加權碼，所以並不適合作為算術運算。

表 1-7 格雷碼與其他數碼的對照表

十進碼	二進碼				格雷碼			
	B_3	B_2	B_1	B_0	G_3	G_2	G_1	G_0
0	0	0	0	0	0	0	0	0
1	0	0	0	1	0	0	0	1
2	0	0	1	0	0	0	1	1
3	0	0	1	1	0	0	1	0
4	0	1	0	0	0	1	1	0
5	0	1	0	1	0	1	1	1
6	0	1	1	0	0	1	0	1
7	0	1	1	1	0	1	0	0
8	1	0	0	0	1	1	0	0
9	1	0	0	1	1	1	0	1
10	1	0	1	0	1	1	1	1
11	1	0	1	1	1	1	1	0
12	1	1	0	0	1	0	1	0
13	1	1	0	1	1	0	1	1
14	1	1	1	0	1	0	0	1
15	1	1	1	1	1	0	0	0

如鏡子般反射

二進位碼轉換成格雷碼的規則如下

1. 格雷碼左起第 1 個位元與二進位碼的 MSB(最高有效位元)相同。

2. 由二進位碼的 MSB 至 LSB(最低有效位元)，兩兩相鄰的位元相互比較；如果兩個相鄰的位元相同(同時為 1 或同時為 0)，則其相對應的格雷碼位元為 0；如果兩個相鄰的位元不相同，則其相對應的格雷碼位元為 1，此為互斥或(Exclusive OR)的原理。

例題 32

試將 $34_{(10)}$ 化成格雷碼

解

$$34_{(10)} = \overset{\text{MSB}}{1}\,0\,0\,0\,1\,\overset{\text{LSB}}{0}_{(2)} = 1\,0\,0\,0\,1\,0_{(Gray)}$$

$$1\,1\,0\,0\,1\,1$$

```
2 │ 34
2 │ 17 ── 0
2 │  8 ── 1
2 │  4 ── 0
2 │  2 ── 0
       1 ── 0
```

註：⊕表示互斥或運算的意思，可參考第 3 章的互斥或閘部份。

格雷碼轉換成二進位碼的規則如下：

1. 格雷碼左起第 1 個位元即為二進位碼的 MSB。

如

```
100111    格雷碼
  │
  ▼
  1
 MSB      二進位碼
```

2. 將二進位碼的 MSB 與格雷碼左起第 2 個位元作互斥或運算，取得二進位碼的次 MSB 位元。

如

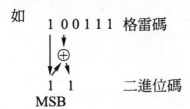

```
1 0 0 1 1 1    格雷碼
      ⊕
1   1          二進位碼
MSB
```

3. 依步驟2的方式，由左向右繼續作互斥或運算直至取得相對應的二進位碼的 LSB 為止。

如　1 0 0 1 1 1　格雷碼

　　　1 1 1 0 1 0　二進位碼
　　MSB　　　LSB

所以 $100111_{(Gray)} = 111010_{(2)}$

1-7-3　美國資訊交換標準碼(ASCII Code)

　　ASCII 碼(American Standard Code for Information Interchange，美國資訊交換標準碼)，由 7 個位元的二進位碼所組成，共可代表 128 (2^7) 種不同的符號，廣泛用於電腦及其輸入、輸出的週邊設備(如印表機、螢幕監視器、鍵盤等)上，作為資料的傳遞與儲存。

　　表 1-8 所示為 7 位元的 ASCII 碼，為了便於閱讀查表，故將 7 位元分成 $b_6b_5b_4$ 及 $b_3b_2b_1b_0$ 兩組，只要兩組合在一起，即為一完整的 ASCII 碼；例如：英文字母 "A" 的ASCII碼為 $\underline{1000001}_{(2)} = 41H$，而小寫字母 "a" 的ASCII碼則為 $\underline{1100001}_{(2)} = 61H$。

表 1-8　7 位元的 ASCII 碼

$b_3b_2b_1b_0$	$b_6b_5b_4$							
	000	001	010	011	100	101	110	111
0000	NUL	DLE	SP	0	@	P	`	p
0001	SOH	DC1	!	1	A	Q	a	q
0010	STX	DC2	"	2	B	R	b	r
0011	ETX	DC3	#	3	C	S	c	s
0100	EOT	DC4	$	4	D	T	d	t
0101	ENQ	NAK	%	5	E	U	e	u
0110	ACK	SYN	&	6	F	V	f	v
0111	BEL	ETB	'	7	G	W	g	w
1000	BS	CAN	(	8	H	X	h	x
1001	HT	EM	)	9	I	Y	i	y
1010	LT	SUB	*	:	J	Z	j	z
1011	VT	ESC	+	;	K	〔	k	{
1100	FF	FS	,	<	L	\	l	|
1101	CR	GS	−	=	M	〕	m	}
1110	SO	RS	·	>	N	^	n	~
1111	SI	US	／	?	O	_	o	DEL

1-8　數碼的檢誤與更正

　　在數位系統中常常需要將一些資料(數碼)由甲地傳送至乙地,但是傳遞時難免有雜訊干擾,造成接收資料的錯誤;此時可用檢誤碼來偵測是否資料有誤及更正,在此介紹最常用且非常有效的方法為同位檢查法(parity check method)及可以更正一個位元錯誤(single error correcting)的漢明碼(Hamming Code)。

1-8-1 同位檢查法

同位檢查法的基本原理是在我們所需要傳遞的真正資訊中，再另加上一個同位元(parity bit)；當包含此一位元(同位元)的整組資料共有偶數個 1，稱為偶同位(even parity)；反之，若包含此一同位元的整組資料共有奇數個1，則稱為奇同位(odd parity)。

由於發送信號的系統需將資料數碼及因資料數碼所產生的同位元同時傳送，所以在發送信號的系統中，需要多加個同位產生器(parity generator)；而在接收信號的系統中，則需要多加個同位核對器(parity checker)，以隨時檢查所接受的訊息(同位元＋資料數碼)是否具有偶同位或奇同位的性質。

如表1-9所示為4位元偶、奇同位產生器的真值表，由真值表中，可以發現偶同位產生器每當資料有奇數個1時，其產生的同位元必定為1。當然啦，也有可能同時發生兩個位元皆出錯情形，但這種機會微乎其微，所以同位元偵錯方式是目前微電腦中最通用的偵錯方法。

表 1-9　同位產生器真值表

(a)偶同位

同位元	資料			
P	B_3	B_2	B_1	B_0
0	0	0	0	0
1	0	0	0	1
1	0	0	1	0
0	0	0	1	1
1	0	1	0	0
0	0	1	0	1
0	0	1	1	0
1	0	1	1	1
1	1	0	0	0
0	1	0	0	1
0	1	0	1	0
1	1	0	1	1
0	1	1	0	0
1	1	1	0	1
1	1	1	1	0
0	1	1	1	1

(b)奇同位

同位元	資料			
P	B_3	B_2	B_1	B_0
1	0	0	0	0
0	0	0	0	1
0	0	0	1	0
1	0	0	1	1
0	0	1	0	0
1	0	1	0	1
1	0	1	1	0
0	0	1	1	1
0	1	0	0	0
1	1	0	0	1
1	1	0	1	0
0	1	0	1	1
1	1	1	0	0
0	1	1	0	1
0	1	1	1	0
1	1	1	1	1

例題 33

某電腦使用 7 位元(bit)之 ASCII code 表達文數字(character)，為了使用一個位元組(byte)來儲存一個文數字，此電腦加入 ASCII code 之同位元(parity bit)於每一個位元組中之最高位元(MSB)。如果英文字母"A"在電腦中儲存的文數字為 41H，則英文字母"E"在電腦中的文數字應為何？

解

(1)"A"在電腦中儲存的文數字為 41H，其數值等於 $01000001_{(2)}$，由於該數值共有 2 個 1(偶數個 1)，所以可知該電腦採用偶同位方式。

(2)"E"的 ASCII code 為 45H，等於 $1000101_{(2)}$，該數值共有 3 個 1(奇數個 1)；由於電腦採用偶同位方式，所以該數值的同位元應為 1，故英文字母"E"在電腦中的文數字應為 $11000101_{(2)}$，即為 E5H。

1-8-2　漢明碼(Hamming code)

同位檢查法(或稱奇偶校驗位元技術)有個缺點，當檢查出某個資料有錯誤時，由於不知哪一個位元錯誤，所以無法更正資料。

具錯誤檢查和更正(error checking and correcting)的漢明碼(Hamming code)應運而生；漢明碼用於資料的除錯，當資料發生 1 位元的錯誤時，依漢明碼的編碼規則可以找出錯誤位置，透過適當的軟硬體即可修復錯誤，因此常被用於電腦通訊系統中；以下為漢明碼介紹。

利用 n 個同位元(parity bit)對映出 $2^n - 1$ 個位置中，那一個位置的資料有誤；但一個以上的錯誤，則無法測出。假設資料位元數為 m 個，而其同位元數為 n 個，則兩者的關係為 $2^n \geq m+n+1$，而表 1-10 則以數字來表示兩者的關係。

表 1-10　同位元數與最大資料位元數

同位元數	最大資料位元數
2	1
3	4
4	11
5	26
6	57
⋮	⋮

漢明碼的編碼方式

設資料共有 4 個位元($D_3D_2D_1D_0$)，依表 1-10 所示，須使用 3 個同位元($P_2P_1P_0$)來編成 7 個位元的漢明碼。

資料與同位元的置放位置(表 1-11 所示)由表 1-12 所決定。

表 1-11 資料與同位元的位置

漢明碼位置	1	2	3	4	5	6	7

表 1-12 資料與同位元位置的形成

MSB	位置	MSB	位置	MSB	位置
0 0 1	1	0 1 0	2	1 0 0	4
0 1 1	3	0 1 1	3	1 0 1	5
1 0 1	5	1 1 0	6	1 1 0	6
1 1 1	7	1 1 1	7	1 1 1	7

1. 由於位置 3、5、6、7 出現 2 次(含)以上，所以該位置應置放欲傳送的資料位元。

2. 由於位置 1、2、4 只出現 1 次，所以該位置應置放同位元。

3. 在同位元位置(1、2、4)中，1 與 3、5、7；2 與 3、6、7；4 與 5、6、7 形成偶(奇)同位的關係。

綜合以上各原則，可得 7 位元的漢明碼編碼位置圖如表 1-13 所示：

表 1-13 漢明碼編碼位置

位置	1	2	3	4	5	6	7
漢明碼編碼	P_0	P_1	D_3	P_2	D_2	D_1	D_0

漢明碼的偵誤與更正原理(以 7 位元的漢明碼為例)

1. 位置 4、5、6、7 位元經偶(奇)同位檢查，得錯誤指標之 MSB。

2. 位置 2、3、6、7 位元經偶(奇)同位檢查，得錯誤指標之次高 MSB。

3. 位置 1、3、5、7 位元經偶(奇)同位檢查，得錯誤指標之 MSB。

例題 34

採用偶同位方式來傳送資料0011，其漢明碼應為何？

解

(1) $\because 2^n \geq m + n + 1$　$\therefore$資料$m = 4$　同位元$n = 3$

故漢明碼共有 7 個位元。

(2)

位置	1	2	3	4	5	6	7	
漢明碼編碼	P_0	P_1	D_3	P_2	D_2	D_1	D_0	
資料位元			0		0	1	1	
同位元P_0	1		0		0		1	←位置1與3、5、7形成偶同位
同位元P_1		0	0			1	1	←位置2與3、6、7形成偶同位
同位元P_2				0	0	1	1	←位置4與5、6、7形成偶同位
漢明碼	1	0	0	0	0	1	1	

所以資料0011，採用偶同位方式，其漢明碼為1000011。

例題 35

採用偶同位方式來傳送資料01011010，其漢明碼應為何？

解

(1) $\because 2^n \geq m + n + 1$　$\therefore$資料$m = 8$　同位元$n = 4$

故漢明碼共有 12 個位元。

(2)資料與同位元的放置位置(表1-14所示)則由表1-15所決定。

表 1-14　漢明碼編碼位置

位置	1	2	3	4	5	6	7	8	9	10	11	12
漢明碼編碼	P_0	P_1	D_7	P_2	D_6	D_5	D_4	P_3	D_3	D_2	D_1	D_0

表 1-15 資料與同位元位置的形成

MSB	位置	MSB	位置	MSB	位置	MSB	位置
0 0 0 1	1	0 0 1 0	2	0 1 0 0	4	1 0 0 0	8
0 0 1 1	3	0 0 1 1	3	0 1 0 1	5	1 0 0 1	9
0 1 0 1	5	0 1 1 0	6	0 1 1 0	6	1 0 1 0	10
0 1 1 1	7	0 1 1 1	7	0 1 1 1	7	1 0 1 1	11
1 0 0 1	9	1 0 1 0	10	1 1 0 0	12	1 1 0 0	12
1 0 1 1	11	1 0 1 1	11	1 1 0 1	13	1 1 0 1	13

① 由於位置 3、5、6、7、9、10、11、12 出現 2 次(含)以上，所以該位置該置放欲傳送的資料位元。(共 12 位元，所以位置 12 以後的，不用考慮。)

② 由於位置 1、2、4、8 只出現 1 次，所以該位置置放同位元。

③ 在同位元位置(1、2、4、8)中，1 與 3、5、7、9、11；2 與 3、6、7、10、11；4 與 5、6、7、12；8 與 9、10、11、12 形成偶同位的關係。故

位置	1	2	3	4	5	6	7	8	9	10	11	12	
漢明碼編碼	P_0	P_1	D_7	P_2	D_6	D_5	D_4	P_3	D_3	D_2	D_1	D_0	
資料位元			0		1	0	1		1	0	1	0	
同位元P_0	0		0		1		1		1		1		←位置 1 與 3、5、7、9、11 形成偶同
同位元P_1		0	0			0	1			0	1		←位置 2 與 3、6、7、10、11 形成偶
同位元P_2				0	1	0	1					0	←位置 4 與 5、6、7、12 形成偶同位
同位元P_3								0	1	0	1	0	←位置 8 與 9、10、11、12 形成偶同位
漢明碼	0	0	0	0	1	0	1	0	1	0	1	0	

故資料 01011010，採偶同位方式，其漢明碼為 000010101010。

例題 36

某一通訊接收站所收到的一組漢明碼為000011101010，若採用偶同位方式，則其原資料為何？

解

(1)依例題的解析得

位置	1	2	3	4	5	6	7	8	9	10	11	12
漢明碼編碼	P_0	P_1	D_7	P_2	D_6	D_5	D_4	P_3	D_3	D_2	D_1	D_0
漢明碼	0	0	0	0	1	1	1	0	1	0	1	0
資料位元			0		1	1	1		1	0	1	0

所以資料應為01111010。

(2)但

①位置8、9、10、11、12(01010)偶同位檢查＝0 (MSB)

②位置4、5、6、7、12(01110)偶同位檢查＝1

③位置2、3、6、7、10、11(001101)偶同位檢查＝1

④位置1、3、5、7、9、11(001111)偶同位檢查＝0 (LSB)

得錯誤指標為$0110_{(2)}＝6_{(10)}$表示位置6資料有誤，即D_5應為0才是正確，所以原資料$(D_7 D_6 D_5 D_4 D_3 D_2 D_1 D_0)$應為01011010。

一、選擇題

_____ 1. 十進位數$(30.28)_{10}$轉換為二進位數(計算至小數點後六位)為：
(A)$(11110.010001)_2$　　　　(B)$(11110.111000)_2$
(C)$(11110.001110)_2$　　　　(D)$(11110.001110)_2$。

_____ 2. 二進位的 1110.01 等於十進位的　(A)10.75　(B)13.25　(C)14.25　(D)28.75。

_____ 3. 將八進位274值換成十六進位應為　(A)BC　(B)BD　(C)AE　(D)CB。

_____ 4. 十六進位其值為$(19.C)_{16}$，轉換為八進位，則值為
(A)$(47.4)_8$　(B)$(34.5)_8$　(C)$(51.7)_8$　(D)$(31.6)_8$。

_____ 5. $(25.375)_{10}$的二進位表示式為　(A)$(11001.110)_2$
(B)$(10011.011)_2$　(C)$(10011.110)_2$　(D)$(11001.011)_2$。

_____ 6. $(10110010)_2-(00011011)_2=(X)_8=(Y)_{16}$，則$X$及$Y$分別應為
(A)227，97　(B)315，CD　(C)247，A7　(D)235，99。

_____ 7. $(377)_8-(F0)_{16}=$？　(A)$(1101)_2$　(B)$(10)_{16}$　(C)$(12)_{16}$　(D)$(17)_8$。

_____ 8. 用二進數代表十進數時，下列那一個十進數會有誤差？　(A)13.75　(B)12.65　(C)11.5　(D)10.25。

_____ 9. 十進位演算 $(17×2)+1$ 結果的格雷碼 (Gray code) 為
(A)100111　(B)111100　(C)110010　(D)111101。

_____ 10. 已知英文字母 A 的 ASCII 碼為 41H，則 Q 的 ASCII 為
(A)4FH　(B)50H　(C)51H　(D)52H。

_____ 11. 下列有關$111110_{(Gray)}$的敘述，何者正確？　(A)$43_{(10)}$　(B)$0101010_{(2)}$　(C)$65_{(8)}$　(D)$00100011_{(BCD)}$。

_____ 12. 十進位負數值-113轉換為八位元有號大小之2的補數為　(A)10001111　(B)10001110　(C)11110000　(D)11100101。

_____13.以 16 個位元，2 的補數方式來表示一個數目的正負大小，其所能表示
　　　最大範圍為
　　　(A)$-(2^8-1)\sim+(2^8-1)$　　　(B)$-2^{15}\sim+(2^{15}-1)$
　　　(C)$-(2^{16}-1)\sim+(2^{16}-1)$　　　(D)$-(2^{16}-1)\sim+2^{16}$。

_____14.欲使用 8 位元(bit)之長度表達含正負號(用 2 的補數)之整數，則其範
　　　圍為　(A)$+127\sim-128$　(B)$+128\sim-127$　(C)$+255\sim-255$
　　　(D)$+32767\sim-32768$。

_____15.一個二進位數為 110001，則其 1's 補數和 2's 補數之和應為　(A)011101
　　　(B)011100　(C)001110　(D)001111。

_____16.有一運算式如下，$(765)_8-(654)_8$ 在運算完之後的答案以 BCD 碼輸出
　　　表示應為下列何者？
　　　(A)0001 0001 0001　(B)0100 1001　(C)0111 0011　(D)0111。

_____17.二進位的加、減、乘及除法運算，皆可化簡成下列何種運算？
　　　(A)除法　(B)乘法　(C)減法　(D)加法。

_____18.$(001010)_2$ 減 $(010110)_2$ 之結果，以 2's 補數表示為何？　(A)110011
　　　(B)110010　(C)100100　(D)110100。

_____19.以 2 的補數所代表的二進數 00011001＋01100111 加完的結果，其進
　　　位和溢位的情況分別為
　　　(A)無進位，無溢位
　　　(B)有進位，有溢位
　　　(C)無進位，有溢位
　　　(D)有進位，有溢位。

_____20.二進位的減法過程中，下列那一項敘述正確？
　　　(A)「被減數」與「減數」相加
　　　(B)「被減數的補數」與「減數的補數」相加
　　　(C)「被減數之 2 的補數」與「減數」相加
　　　(D)「被減數」與「減數之 2 的補數」相加。

二、問答題與演算題

1. 若用 16 位元表示一整數，以 2 的補數方式來表示，則其可表示的範圍大小為何？

2. 試以 5 位元 2 的補數方式計算下列各式。

    (1) $13_{(10)} - 9_{(10)}$，(2) $8_{(10)} - 15_{(10)}$

3. 試利用表 1-8，查出下列各文數字的 ASCII 碼。(以 16 進位表示)

    (1) T，(2) h，(3) 8

4. 一組 8 位元的資料，經過漢明碼(Hamming Code)編碼後成為一組 12 位元的資料。假設該組資料經傳送後在接收端所收到的值為 000011101010 (最左邊為第一個 bit)，則正確的 8 位元資料為何？

2

布林代數與其化簡

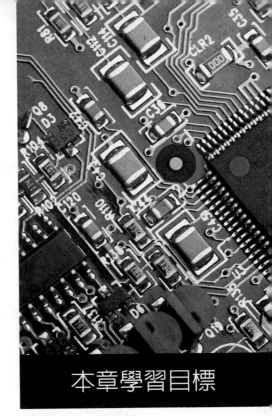

英國數學家喬治布林(George Boole)，在西元 1854 年曾經發表一系列邏輯上的分析與處理方法，並發展成代數系統。如今，用來描述數位邏輯閘之間的相互關係，並將線路圖轉化成代數的函數，都稱為布林代數(Boolean algebra)，此為紀念喬治布林的偉大貢獻。

　　布林代數的化簡，可利用布林代數的假設與基本定理，用以化簡較簡單的布林代數；當布林代數較為複雜時，通常採用卡諾圖、列表法(tabulation method)及應用電腦程式作化簡的方法。

■ 1. 有關布林代數的基本運算。

■ 2. 利用布林代數的基本定理與假設來簡化簡單的布林函數。

■ 3. 利用布林代數的基本定理與假設簡化布林代數。

■ 4. 瞭解標準積項、標準和項的定義及何謂 SOP 式與 POS 式。

■ 5. 利用卡諾圖簡化布林代數。

■ 6. 利用列表法簡化布林代數。

▣ 2-1　布林代數的特質

　　布林代數和一般傳統代數顯著的不同點是在布林代數中，不論常數或變數而言，並非代表數量大小的值，而是代表兩種不同的狀態或性質，例如：開關的開(ON)與關(OFF)、電壓的高(Hi)與低(Low)、事件的眞(True)與假(False)；只要定義其中一種狀態爲 "1"，則另一種相反的狀態即爲 "0"。

　　所謂布林變數，它是指一個量隨時間而變，在不同時間，它可能等於 0 或等於 1。布林變數常代表電路或元件的輸入、輸出端；或者是一條接線上的電壓位準(voltage level)。舉例來說，在某個數位系統(TTL 數位系統)中，布林值爲 0 即代表該處的電壓是在 0V 到 0.4V(或 0.8V)之間的任一值，而布林值爲 1 則代表 2V(或 2.4V)到 5V 之間的任一值；所以布林值的 0 和 1 並不是一個眞正數目，而是僅用來表示電壓變數的狀態，也就是所謂的邏輯位準。

　　布林代數的作用在於處理布林變數和布林常數之間的運算，它可以幫助我們分析與設計數位邏輯電路。**布林常數只有二個，即 0 與 1；而布林變數則常以英文字母(A、B、C…X、Y、Z)表示。**

　　如圖 2-1 所示之電路，設該開關 ON 代表 1，而開關 OFF 則代表 0，燈泡發亮代表 1，燈泡不亮則代表 0；此時就可用布林代數 $F = AB$ 來描述該電路有關的資料了。對燈泡 F 而言，由於開關 A 與開關 B

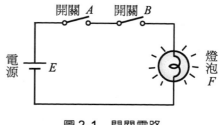

圖 2-1　開關電路

各有 0 與 1 兩種狀態，所以共有 4 種輸入狀態($AB = 00$、01、10、11)，但是只有一種輸入狀態($AB = 11$)，才能使燈泡發亮($F = 1$)。

　　由於布林代數能夠十分清楚地描述數位邏輯電路的工作特性，並且可用來簡化數位邏輯電路，使得我們十分方便地引用數學符號來代表日益複雜且龐大的電路，此爲其無可取代的特質。

▣ 2-2　布林代數的基本運算

　　布林代數的基本運算有三種，分別爲 **AND(及)**運算、**OR(或)**運算及 **NOT(反、補數)**運算，茲分別介紹如下：

AND 運算

　　常用點(‧)或不加任何運算子(operator)來表示執行AND運算。例如：$X \cdot Y = Z$ 或 $XY = Z$ 都讀作"X及Y 等於 Z"；AND的意義是若且唯若(if and only if)，所以AND運算也稱為邏輯的乘法運算，即是 X 與 Y 同時等於1時，Z 才為1；否則，Z 都等於0；以下為AND的四種運算狀況：

1. $0 \cdot 0 = 0$
2. $0 \cdot 1 = 0$
3. $1 \cdot 0 = 0$
4. $1 \cdot 1 = 1$

OR 運算

　　此一運算符號是一個加法符號(+)，也稱為邏輯的加法運算；例如：$X + Y = Z$，讀作"X 或 Y 等於 Z"，也就是若 X 與 Y 二者有任一為1(包括同時均為1)時，Z 即為1；反之，若 X 與 Y 同時均為0時，則 Z 為0，以下為OR的四種運算狀況：

1. $0 + 0 = 0$
2. $0 + 1 = 1$
3. $1 + 0 = 1$
4. $1 + 1 = 1$

NOT 運算

　　在變數的上方劃一橫槓即表示為NOT運算，也稱為邏輯補數或反相運算；例如：$Z = \overline{X}$，讀作"Z等於X 的bar"，即表示 Z 是 X 的反相或補數，也就是說，若 $X = 1$，則 $Z = 0$；反之，若 $X = 0$，則 $Z = 1$。另外，在外國作者所寫的原文書上，常以 X' 表示 $\overline{X}$，又如 $(A + B)'$ 表示 $\overline{A + B}$ 及 $(AB)'$ 表示 $\overline{AB}$ 等；以下為NOT的兩種運算狀況：

1. $\overline{0} = 1$
2. $\overline{1} = 0$

2-3 布林代數的基本定理與假說

由於布林代數可以用來幫助我們將邏輯關係用數學式來表示，並且方便我們分析及運算；所以，**熟記並能應用布林代數的基本定理與假說，是學好數位邏輯的第一要務**。

布林代數的假設

假設(postulate)是一種代數結構的基本原理(axiom)，是不用證明的。

布林代數的假設如下：

1.

(a) $X + 0 = X$

(b) $X \cdot 1 = X$

2.

(a) $X + \overline{X} = 1$

(b) $X \cdot \overline{X} = 0$

3. 交換律

(a) $X + Y = Y + X$

(b) $XY = YX$

4. 分配律

(a) $X(Y + Z) = XY + XZ$

(b) $X + YZ = (X + Y)(X + Z)$

以上的四項假設，我們發現一項很有趣的事情——在(a)或(b)的代數表示式中，只要將 OR 和 AND 運算符號互換，並且以 0 代 1，以 1 換 0，即可得到另外一代數表示式，此種現象稱爲布林代數的對偶(duality)原理。

例如：1(a)式

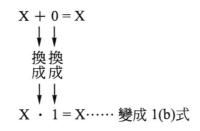

$$X + 0 = X$$

換成　換成

$$X \cdot 1 = X \cdots\cdots 變成 1(b)式$$

2(b)式

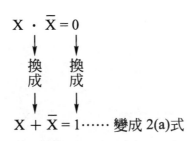

$$X \cdot \overline{X} = 0$$

換成　　換成

$$X + \overline{X} = 1 \cdots\cdots 變成 2(a)式$$

假設 1 的意思為：任何變數加(OR) 0 時，或乘(AND) 1 時，均不會被改變，還是等於變數自己。

假設 2 的意思為：不論 X 或 $\overline{X}$ 在什麼狀況下，X 與 $\overline{X}$ 必定相反，即若 $X = 1$，則 $\overline{X} = 0$；反之，若 $X = 0$，則 $\overline{X} = 1$；所以，兩者作 AND 運算時，結果恆為 0，兩者作 OR 運算時，其結果必為 1。

假設 3 的意思為：在布林代數中，作 OR 或 AND 運算時，變數的順序(誰先誰後)並不重要，其結果都相同；此種基本原理稱為交換律(commutative law)。

假設 4 的意思為：布林代數式亦可如同普通的數學代數式一般，可以將各項乘開後相加；也可以實施因式分解，其結果都一樣(兩者還是相等)；此種基本原理稱為分配律(distribution law)。

布林代數的基本定理

1.		(a) $X + X = X$	(b) $X \cdot X = X$
2.		(a) $X + 1 = 1$	(b) $X \cdot 0 = 0$
3.	自補律	(a) $\overline{\overline{X}} = X$	
4.	結合律	(a) $X + (Y + Z) = (X + Y) + Z$	(b) $X(YZ) = (XY)Z$
5.	吸收律	(a) $X + XY = X$	(b) $X(X + Y) = X$

　　　以上的基本定理(theorem)，均可用假設來證明，茲將其證明如下；證明的過程中，最右邊所示是假設的代碼，用以檢驗證明每一步驟。

定理 1(a)　$X + X = X$

$$X + X = (X + X) \cdot 1 \quad\cdots\cdots\cdots\cdots\cdots\cdots\cdots\cdots\cdots\cdots\cdots\cdots\cdots\cdots\cdots\cdots \text{假設 1(b)}$$
$$= (X + X) \cdot (X + \overline{X}) \quad\cdots\cdots\cdots\cdots\cdots\cdots\cdots\cdots\cdots \text{假設 2(a)}$$
$$= X + X\overline{X} \quad\cdots\cdots\cdots\cdots\cdots\cdots\cdots\cdots\cdots\cdots\cdots\cdots\cdots\cdots\cdots \text{假設 4(b)}$$
$$= X + 0 \quad\cdots\cdots\cdots\cdots\cdots\cdots\cdots\cdots\cdots\cdots\cdots\cdots\cdots\cdots\cdots\cdots \text{假設 2(b)}$$
$$= X \quad\cdots\cdots\cdots\cdots\cdots\cdots\cdots\cdots\cdots\cdots\cdots\cdots\cdots\cdots\cdots\cdots\cdots\cdots \text{假設 1(a)}$$

定理 1(b)　$X \cdot X = X$

$$X \cdot X = XX + 0 \quad\cdots\cdots\cdots\cdots\cdots\cdots\cdots\cdots\cdots\cdots\cdots\cdots\cdots\cdots\cdots \text{假設 1(a)}$$
$$= XX + X\overline{X} \quad\cdots\cdots\cdots\cdots\cdots\cdots\cdots\cdots\cdots\cdots\cdots\cdots\cdots \text{假設 2(b)}$$
$$= X(X + \overline{X}) \quad\cdots\cdots\cdots\cdots\cdots\cdots\cdots\cdots\cdots\cdots\cdots\cdots\cdots \text{假設 4(a)}$$
$$= X \cdot 1 \quad\cdots\cdots\cdots\cdots\cdots\cdots\cdots\cdots\cdots\cdots\cdots\cdots\cdots\cdots\cdots\cdots \text{假設 2(a)}$$
$$= X \quad\cdots\cdots\cdots\cdots\cdots\cdots\cdots\cdots\cdots\cdots\cdots\cdots\cdots\cdots\cdots\cdots\cdots\cdots \text{假設 1(b)}$$

定理 2(a)　$X + 1 = 1$

$$X + 1 = (X + 1) \cdot 1 \quad\cdots\cdots\cdots\cdots\cdots\cdots\cdots\cdots\cdots\cdots\cdots\cdots\cdots\cdots \text{假設 1(b)}$$
$$= (X + 1) \cdot (X + \overline{X}) \quad\cdots\cdots\cdots\cdots\cdots\cdots\cdots\cdots\cdots \text{假設 2(a)}$$
$$= X + \overline{X} \cdot 1 \quad\cdots\cdots\cdots\cdots\cdots\cdots\cdots\cdots\cdots\cdots\cdots\cdots\cdots \text{假設 4(b)}$$
$$= X + \overline{X} \quad\cdots\cdots\cdots\cdots\cdots\cdots\cdots\cdots\cdots\cdots\cdots\cdots\cdots\cdots\cdots \text{假設 1(b)}$$
$$= 1 \quad\cdots\cdots\cdots\cdots\cdots\cdots\cdots\cdots\cdots\cdots\cdots\cdots\cdots\cdots\cdots\cdots\cdots\cdots\cdots \text{假設 2(a)}$$

定理 2(b)　$X \cdot 0 = 0$

$$X \cdot 0 = X \cdot 0 + 0 \quad\cdots\cdots\cdots\cdots\cdots\cdots\cdots\cdots\cdots\cdots\cdots\cdots\cdots\cdots \text{假設 1(a)}$$
$$= X \cdot 0 + X \cdot \overline{X} \quad\cdots\cdots\cdots\cdots\cdots\cdots\cdots\cdots\cdots\cdots\cdots \text{假設 2(b)}$$
$$= X(0 + \overline{X}) \quad\cdots\cdots\cdots\cdots\cdots\cdots\cdots\cdots\cdots\cdots\cdots\cdots\cdots\cdots \text{假設 4(a)}$$
$$= X \cdot \overline{X} \quad\cdots\cdots\cdots\cdots\cdots\cdots\cdots\cdots\cdots\cdots\cdots\cdots\cdots\cdots\cdots \text{假設 1(a)}$$
$$= 0 \quad\cdots\cdots\cdots\cdots\cdots\cdots\cdots\cdots\cdots\cdots\cdots\cdots\cdots\cdots\cdots\cdots\cdots\cdots\cdots \text{假設 2(b)}$$

定理 3　　$\overline{\overline{X}} = X$

假設 2 為 $X + \overline{X} = 1$ 及 $X \cdot \overline{X} = 0$，由此定義可知 X 的補數是 $\overline{X}$，而 $\overline{X}$ 的補數則是 X，也就是 $\overline{\overline{X}}$。另外，由**任何數只有一個唯一的補數**概念，亦可知道 $\overline{\overline{X}} = X$；此種基本原理稱為自補律 (involution law)。

定理 4(a)　　$X + (Y + Z) = (X + Y) + Z$

　　4(b)　　$X(YZ) = (XY)Z$

此為數學結合律 (associative law) 的應用，意即將 AND 式子或 OR 式子中的各項任意組合，都不會改變其結果。

定理 5(a)　　$X + XY = X$

$$
\begin{aligned}
X + XY &= X \cdot 1 + XY \cdots\cdots\cdots\cdots\cdots\cdots\cdots\cdots\cdots\cdots \text{假設 1(b)} \\
&= X(1 + Y) \cdots\cdots\cdots\cdots\cdots\cdots\cdots\cdots\cdots\cdots \text{假設 4(a)} \\
&= X(Y + 1) \cdots\cdots\cdots\cdots\cdots\cdots\cdots\cdots\cdots\cdots \text{假設 3(a)} \\
&= X \cdot 1 \cdots\cdots\cdots\cdots\cdots\cdots\cdots\cdots\cdots\cdots\cdots\cdots \text{定理 2(a)} \\
&= X \cdots\cdots\cdots\cdots\cdots\cdots\cdots\cdots\cdots\cdots\cdots\cdots\cdots\cdots \text{假設 1(b)}
\end{aligned}
$$

定理 5(b)　　$X(X + Y) = X$

$$
\begin{aligned}
X(X + Y) &= (X + 0)(X + Y) \cdots\cdots\cdots\cdots\cdots\cdots\cdots\cdots \text{假設 1(a)} \\
&= X + 0 \cdot Y \cdots\cdots\cdots\cdots\cdots\cdots\cdots\cdots\cdots\cdots \text{假設 4(b)} \\
&= 0 \cdot Y + X \cdots\cdots\cdots\cdots\cdots\cdots\cdots\cdots\cdots\cdots \text{假設 3(b)} \\
&= 0 + X \cdots\cdots\cdots\cdots\cdots\cdots\cdots\cdots\cdots\cdots\cdots\cdots \text{定理 2(b)} \\
&= X \cdots\cdots\cdots\cdots\cdots\cdots\cdots\cdots\cdots\cdots\cdots\cdots\cdots\cdots \text{假設 1(a)}
\end{aligned}
$$

其實定理 5(a)(b) 式亦可以用簡單的數學方式來完成，例如

定理 5(a)

$$
\begin{aligned}
X + XY &= X(1 + Y) \cdots\cdots\cdots\cdots\cdots\cdots\cdots\cdots\cdots \text{提出公因式} \\
&= X \cdot 1 \cdots\cdots\cdots\cdots\cdots\cdots\cdots\cdots\cdots\cdots\cdots\cdots \text{定理 2(a)} \\
&= X \cdots\cdots\cdots\cdots\cdots\cdots\cdots\cdots\cdots\cdots\cdots\cdots\cdots\cdots \text{假設 1(b)}
\end{aligned}
$$

定理 5(b)

$$
\begin{aligned}
X(X + Y) &= X \cdot X + X \cdot Y \cdots\cdots\cdots\cdots\cdots\cdots\cdots\cdots \text{假設 4(a)} \\
&= X + XY \cdots\cdots\cdots\cdots\cdots\cdots\cdots\cdots\cdots\cdots\cdots \text{定理 1(b)} \\
&= X \cdots\cdots\cdots\cdots\cdots\cdots\cdots\cdots\cdots\cdots\cdots\cdots\cdots\cdots \text{定理 5(a)}
\end{aligned}
$$

以下，讓我們利用基本的定理與假設來化簡幾個簡單的布林代數。

例題 1

化簡 $X + Y + \overline{X}$

解

$$
\begin{aligned}
X + Y + \overline{X} &= X + \overline{X} + Y \\
&= 1 + Y &&(\because X + \overline{X} = 1) \\
&= 1 &&(\because 1\text{ 與任何數作 OR 運算，其結果均為 }1)
\end{aligned}
$$

例題 2

化簡 $(X + Y)(X + \overline{Y})$

解

$$
\begin{aligned}
(X + Y)(X + \overline{Y}) &= X \cdot X + X \cdot \overline{Y} + X \cdot Y + Y \cdot \overline{Y} \\
&= X + X\overline{Y} + XY + 0 &&(\because X \cdot X = X \;;\; Y \cdot \overline{Y} = 0) \\
&= X(1 + \overline{Y} + Y) &&(\text{提出公因式}) \\
&= X &&(\because 1 + \overline{Y} + Y = 1)
\end{aligned}
$$

例題 3

化簡 $(A + B) \cdot C + BC + A(A + B)$

解

$$
\begin{aligned}
&(A + B) \cdot C + BC + A(A + B) \\
&= A \cdot C + B \cdot C + BC + A \cdot A + A \cdot B \\
&= AC + BC + BC + A + AB &&(\because A \cdot A = A) \\
&= AC + BC + A + AB &&(\because BC + BC = BC) \\
&= A(C + 1 + B) + BC &&(\text{提出公因式}) \\
&= A + BC &&(\because C + 1 + B = 1)
\end{aligned}
$$

例題 4

化簡 $AB + B\overline{C} + CD + B\overline{D} + BD$

解

$$AB + B\overline{C} + CD + B\overline{D} + BD$$

$= AB + B\overline{C} + CD + B(\overline{D} + D)$　　　　　　　　(提出公因式)

$= AB + B\overline{C} + CD + B$　　　　　　　　$(\because \overline{D} + D = 1)$

$= B(A + \overline{C} + 1) + CD$　　　　　　　　(提出公因式B)

$= B + CD$　　　　　　　　$(\because A + \overline{C} + 1 = 1)$

例題 5

化簡 $Y\overline{Z} + \overline{X}\overline{Y} + YZ + X\overline{Y}$

解

$$Y\overline{Z} + \overline{X}\overline{Y} + YZ + X\overline{Y}$$

$= Y(\overline{Z} + Z) + \overline{Y}(\overline{X} + X)$　　　　　　　　(提出公因式)

$= Y + \overline{Y}$　　　　　　　　$(\because \overline{Z} + Z = 1，\overline{X} + X = 1)$

$= 1$　　　　　　　　$(\because Y + \overline{Y} = 1)$

例題 6

化簡 $A + \overline{B} + \overline{A}B + (A + \overline{B})\overline{A}C$

解

$$A + \overline{B} + \overline{A}B + A\overline{A}C + \overline{A}\overline{B}C$$

$= A + \overline{B} + \overline{A}B + \overline{A}\overline{B}C$　　　　　　　　$(\because A\overline{A}C = 0)$

$= A(B + \overline{B}) + \overline{B} + \overline{A}B + \overline{A}\overline{B}C$　　　　　　　　(無中生有$\because B + \overline{B} = 1$)

$= AB + A\overline{B} + \overline{B} + \overline{A}B + \overline{A}\overline{B}C$

$= B(A + \overline{A}) + \overline{B}(A + 1 + \overline{A}C)$　　　　　　　　(提出公因式)

$= B + \overline{B}$　　　　　　　　$(\because A + \overline{A} = 1，A + 1 + \overline{A}C = 1)$

$= 1$　　　　　　　　$(\because B + \overline{B} = 1)$

經過幾小節的介紹，相信讀者對於布林代數應有一定的基本認識與瞭解——有一點數學的味道(如提出公因式、兩兩相乘化簡 ……)，但卻又有一點新的觀念(如 $X + X = X$，$X + \overline{X} = 1$ ……)，很有趣吧！

▣ 2-4 卡諾圖化簡布林代數

從前一節的例題中，我們發現——利用代數的演算法簡化布林代數時，並無一定的標準法則可依循，且並不保證可以獲得最簡的布林代數。所以此種方法常使用於簡單布林代數的化簡，至於較複雜的布林代數化簡，則首推卡諾圖法化簡了。

卡諾圖(Karnaugh map)是由美國貝爾實驗室，一位電機工程師卡諾(Karnaugh)所發展出來的；它是將真值表(truth table)的內容以圖形方式來表示，再利用人類對圖形的識別能力來達到簡化的目的，由於卡諾圖的化簡有一定且明確的法則可依循，故為化簡布林代數的最佳利器；常使用於兩個、三個或四個變數的布林代數化簡，當然也可以應用於五個或五個以上變數的布林代數化簡，但是由於操作繁雜，且不易辨別，故較少使用。

2-4-1 布林代數的標準型式

在使用卡諾圖化簡布林代數前，必須先瞭解一些名詞，如標準型式、最小項、最大項及 SOP 式與 POS 式等；以下就讓我們來開始介紹它們吧！

標準積項(standard product term)

n 個變數有 2^n 個結合的項，若每一項均含有全部的變數，且以 **AND** 運算表示，則稱為標準積項或最小項(minterm)。例如：$\overline{A}\,\overline{B}C$，$A\overline{B}\,\overline{C}$，$ABC$ 均是；而 $A\overline{B}$ 及 $B\overline{C}$ 則不是，因為 $A\overline{B}$ 項中缺少 C 變數，而 $B\overline{C}$ 項中缺少 A 變數(假設只有 A、B、C 三個變數的情況下)。

標準和項(standard sum term)

n 個變數有 2^n 個結合的項，若每一項均含有全部的變數，且以 **OR** 運算表示，則稱為標準和項或最大項(maxterm)。例如：$(\overline{A} + \overline{B} + \overline{C})$，$(\overline{A} + \overline{B} + C)$，$(A + \overline{B} + C)$ 均是；而 $(A + \overline{B})$，$(\overline{A} + \overline{C})$ 則不是，因為 $(A + \overline{B})$ 項中缺少 C 變數，而 $(\overline{A} + \overline{C})$ 項中，則缺少 B 變數。(同樣假設只有 A、B、C 三個變數的情況下)。

　　如表 2-1 所示為最小項與最大項的對照表，其中最小項以 m_i 表示，而最大項則以 M_i 表示，i 則為這個項相對應的十進位數目。

表 2-1　最小項與最大項的對照表

十進制	A	B	C	最小項	最大項
0	0	0	0	$\overline{A}\,\overline{B}\,\overline{C} = m_0$	$A + B + C = M_0$
1	0	0	1	$\overline{A}\,\overline{B}\,C = m_1$	$A + B + \overline{C} = M_1$
2	0	1	0	$\overline{A}\,B\overline{C} = m_2$	$A + \overline{B} + C = M_2$
3	0	1	1	$\overline{A}\,BC = m_3$	$A + \overline{B} + \overline{C} = M_3$
4	1	0	0	$A\overline{B}\,\overline{C} = m_4$	$\overline{A} + B + C = M_4$
5	1	0	1	$A\overline{B}C = m_5$	$\overline{A} + B + \overline{C} = M_5$
6	1	1	0	$AB\overline{C} = m_6$	$\overline{A} + \overline{B} + C = M_6$
7	1	1	1	$ABC = m_7$	$\overline{A} + \overline{B} + \overline{C} = M_7$

積項之和(SOP，Sum Of Product)

　　所謂積項之和(SOP)的布林函數，即以 OR 運算結合而成的若干積項；例如：

$$f(A \cdot B \cdot C) = \overline{A}\,\overline{B}\,\overline{C} + \overline{A}\,BC + A\overline{B}\,\overline{C} + AB\overline{C}$$

　　其中，f 表一輸出函數(function)，A、B、C 則為其輸入變數，A 為 MSB(最高有效位元)，C 為 LSB(最低有效位元)；由於積項的邏輯狀態定義為 1，所以積項內各輸入變數值為 1 者，以原變數代表；反之，若其值為 0 者，則以該變數的補數代表，如此，積項內各輸入變數作 AND 運算後，才能為 1，例如：

$$m_6 = 110_{(2)} = AB\overline{C}$$

$$(\because AB\overline{C} = 1 \cdot 1 \cdot \overline{0} = 1 \cdot 1 \cdot 1 = 1)$$

　　所以當 SOP(積項之和)式中的每一積項均為標準積項時，我們常用簡單的數學式來表示，即

$$f(A，B，C)=\overline{A}\,\overline{B}\,\overline{C}+\overline{A}\,\overline{B}\,C+A\,\overline{B}\,\overline{C}+A\,B\,\overline{C}$$

$$
\begin{array}{ccccccc}
2^2\ 2^1\ 2^0 & 0\ 0\ 0 & 0\ 0\ 1 & 1\ 0\ 0 & 1\ 1\ 0 & \text{-------- 二進位數}\\
& 0 & 1 & 4 & 6 & \text{--------- 相對應的十進位數}
\end{array}
$$

$$=m_0+m_1+m_4+m_6 \qquad\text{----------------------- 最小項之和}$$

$$=\Sigma\,(0，1，4，6)\qquad\text{----------------------- SOP 式的數字式}$$

和項之積(POS，Product Of Sum)

　　所謂和項之積(POS)的布林函數，即以**AND**運算結合而成的若干和項；例如：

$$f(W，X，Y，Z)=(W+X+\overline{Y}+\overline{Z})(\overline{W}+X+Y+Z)$$
$$(\overline{W}+\overline{X}+Y+Z)$$

　　如同 SOP 式的布林函數一般，f 表一輸出函數，W、X、Y、Z 為其輸入變數(亦常使用 A、B、C、D 等代表)，W 為 MSB，Z 為 LSB；由於和項的邏輯狀態定義為 0，所以和項內各輸入變數值為 0 者，以原變數代表；反之，若其值為 1 者，則以該變數的補數代表。如此，和項內各輸入變數作OR運算後，才能為 0，例如：

$$M_8=1000_{(2)}=\overline{W}+X+Y+Z$$
$$(\because \overline{W}+X+Y+Z=\overline{1}+0+0+0=0)$$

　　所以當POS(和項之積)式中的每一和項均為標準和項時，我們常用簡單的數字式來表示，即

$$f(W，X，Y，Z)=(W+X+\overline{Y}+\overline{Z})(W+\overline{X}+\overline{Y}+\overline{Z})(\overline{W}+X+\overline{Y}+\overline{Z})$$

$$
\begin{array}{ccccccccccccc}
2^3\ 2^2\ 2^1\ 2^0 & 0 & 0 & 1 & 1 & 0 & 1 & 1 & 1 & 1 & 0 & 1 & 1 & \text{---- 二進位數}\\
& & 3 & & & & 7 & & & & 11 & & & \text{---------- 相對應的十進位數}
\end{array}
$$

$$=M_3\cdot M_7\cdot M_{11}\qquad\text{----------------------------------- 最大項之積}$$

$$=\pi\,(3，7，11)\qquad\text{------------------------------------- POS 式的數字式}$$

標準 SOP 式與標準 POS 式的互換

　　設表 2-1 所示為某函數 $f(A，B，C)$ 的眞值表(truth table；註)；由於**積項的邏輯狀態定義為 1，而和項的邏輯狀態定義為 0**，所以我們可以很容易寫出其 SOP 式與 POS 式，分別為

$$f_1(A，B，C) = \Sigma(0，1，2，3)$$
$$= \overline{A}\,\overline{B}\,\overline{C} + \overline{A}\,\overline{B}C + \overline{A}B\overline{C} + \overline{A}BC$$
$$f_2(A，B，C) = \pi(4，5，6，7)$$
$$= (\overline{A} + B + C)(\overline{A} + B + \overline{C})(\overline{A} + \overline{B} + C)(\overline{A} + \overline{B} + \overline{C})$$

註：眞值表係將所有輸入變數分別以 0、1 或(L、H)代入，利用表格方式列出所有輸入變數的組合；以表 2-2 為例，由於有 3 輸入變數，所以共有 $2^3 = 8$ 種組合，再依據輸入變數 A、B、C 與輸出函數 f 間的運算定義，求得輸出函數的結果。

表 2-2　真值表

十進制	輸入			輸出
	A	B	C	f
0	0	0	0	1
1	0	0	1	1
2	0	1	0	1
3	0	1	1	1
4	1	0	0	0
5	1	0	1	0
6	1	1	0	0
7	1	1	1	0

　　其中函數 f_1 與函數 f_2 只為了區別 SOP 式與 POS 式而已，其實兩者所代表的邏輯結果都一樣，都代表將真值表 2-2 換成相對應的布林代數；以下為其簡單的證明。

$$f_1(A，B，C) = \overline{A}\,\overline{B}\,\overline{C} + \overline{A}\,\overline{B}C + \overline{A}B\overline{C} + \overline{A}BC$$

$$= \overline{A}\,\overline{B}(\overline{C} + C) + \overline{A}B(\overline{C} + C) \qquad \text{(提出公因式)}$$

$$= \overline{A}\,\overline{B} + \overline{A}B \qquad (\because \overline{C} + C = 1)$$

$$= \overline{A}(\overline{B} + B) \qquad \text{(提出公因式)}$$

$$= \overline{A} \qquad (\because \overline{B} + B = 1)$$

$$f_2(A，B，C) = (\overline{A} + B + C)(\overline{A} + B + \overline{C})(\overline{A} + \overline{B} + C)(\overline{A} + \overline{B} + \overline{C})$$

$$= [(\overline{A} + B)(\overline{A} + B) + C(\overline{A} + B) + \overline{C}(\overline{A} + B)]$$

$$[(\overline{A} + \overline{B})(\overline{A} + \overline{B}) + C(\overline{A} + \overline{B}) + \overline{C}(\overline{A} + \overline{B})]$$

（兩兩乘開）

$$= [(\overline{A} + B) + C(\overline{A} + B) + \overline{C}(\overline{A} + B)]$$

$$[(\overline{A} + \overline{B}) + C(\overline{A} + \overline{B}) + \overline{C}(\overline{A} + \overline{B})]$$

$$= [(\overline{A} + B)(1 + C + \overline{C})][(\overline{A} + \overline{B})(1 + C + \overline{C})] \text{ (提出公因式)}$$

$$= (\overline{A} + B)(\overline{A} + \overline{B}) \qquad (\because 1 + C + \overline{C} = 1)$$

$$= \overline{A}\,\overline{A} + \overline{A}\,\overline{B} + \overline{A}B + B\overline{B} \qquad \text{(兩兩乘開)}$$

$$= \overline{A} + \overline{A}\,\overline{B} + \overline{A}B \qquad (\because B\overline{B} = 0)$$

$$= \overline{A}(1 + \overline{B} + B) \qquad \text{(提出公因式)}$$

$$f_2(A，B，C) = \overline{A} \qquad (\because 1 + \overline{B} + B = 1)$$

由於 $f_1(A，B，C) = f_2(A，B，C)$；所以，往後我們就可以很容易將 SOP 式與 POS 式作互換了，例如

例題 7

$$f(A，B，C) = \Sigma(1，3，4，7) \quad \cdots\cdots\cdots\cdots\cdots\cdots\cdots\cdots\cdots\cdots \text{SOP 數字式}$$

$$= \Pi(0，2，5，6) \quad \cdots\cdots\cdots\cdots\cdots\cdots\cdots\cdots\cdots \text{POS 數字式}$$

例題 8

$$f(W，X，Y，Z) = \Pi(0，2，7，8，11，13，14) \cdots\cdots\cdots\cdots \text{POS 數字式}$$

$$= \Sigma(1，3，4，5，6，9，10，12，15) \quad \cdots\cdots\cdots \text{SOP 數字式}$$

　　不曉得大家發現一項有趣的現象沒？即**只要將 SOP(或 POS)的數字式中未出現的項數(數字)，填入POS(或SOP)的數字式中**；如此，就是兩種式子的互換方法了。

2-4-2　卡諾圖

　　卡諾圖是由一些小方格所組成的，每一小方格恰好對應所欲化簡的邏輯函數真值表中每一橫列的二進位數值；也就是說，**n 個輸入變數的邏輯函數，其卡諾圖就必須有 2^n 個小方格，每一小方格代表一個標準項**(最小項或最大項)。小方格位置的編排有一個原則：相鄰的兩格(亦即相鄰的兩項)其所對應的輸入變數(常以 A，B，C…或 X，Y，Z 表示)值，只能有一個不同。例如：某小方格對應的輸入變數為 $A\overline{B} = 10$ 時，則其相鄰的兩小格分別為 $\overline{A}\,\overline{B} = 00$ 及 $AB = 11$；因為 $\overline{A}\,\overline{B}$ 與 $A\overline{B}$ 只有 A 輸入變數值不同，而 AB 與 $A\overline{B}$ 則只有 B 輸入變數值不同。具有這種性質的兩個項，我們就稱為相鄰項(adjacenies)。

　　二個、三個和四個輸入變數的卡諾圖與其相對應的真值表，分別如圖2-2、2-3和圖 2-4 所示，其中，(b)圖的方格內的數字，代表真值表中的列數編號，(c)圖的方格則是以其相對應的最小項(標準積項)表示。現在，讓我們來詳細說明一下。

　　在二個輸入變數的卡諾圖(圖2-2)中，兩個輸入變數設為 A 和 B (A 為MSB，B 為LSB)，方格內的數字編號就是 AB 的十進位數值；例如：當 AB 的二進位值為10時，其相對應的十進位值就等於2，而該方格也常以最小項 m_2 表示，也就代表 $A\overline{B}$。

列數	A	B	最小項
0	0	0	$\overline{A}\,\overline{B}$
1	0	1	$\overline{A}\,B$
2	1	0	$A\,\overline{B}$
3	1	1	$A\,B$

	$\overline{B}$ (0)	B (1)
$\overline{A}$ {0}	0	1
A {1}	2	3

	$\overline{B}$ (0)	B (1)
$\overline{A}$ {0}	$\overline{A}\,\overline{B}$	$\overline{A}\,B$
A {1}	$A\,\overline{B}$	$A\,B$

(a) 真值表　　　　(b) 卡諾圖的方格編號　　　(c) 卡諾圖的最小項位置

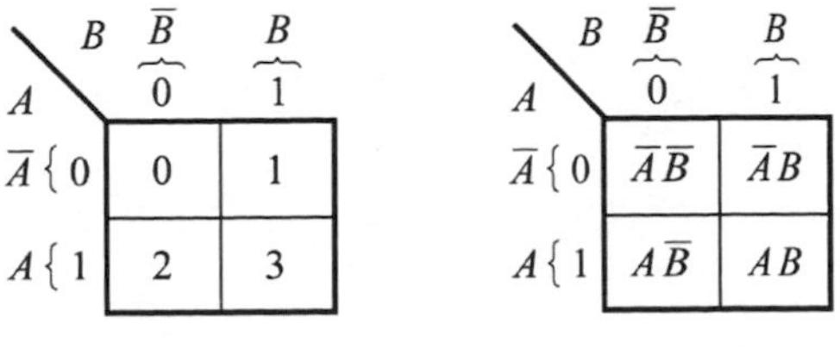

圖 2-2　二個輸入變數之卡諾圖

列數	A	B	C	最小項
0	0	0	0	$\overline{A}\,\overline{B}\,\overline{C}$
1	0	0	1	$\overline{A}\,\overline{B}\,C$
2	0	1	0	$\overline{A}\,B\,\overline{C}$
3	0	1	1	$\overline{A}\,B\,C$
4	1	0	0	$A\,\overline{B}\,\overline{C}$
5	1	0	1	$A\,\overline{B}\,C$
6	1	1	0	$A\,B\,\overline{C}$
7	1	1	1	$A\,B\,C$

(a) 真值表

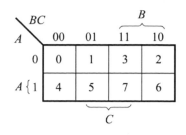

(b) 卡諾圖的方格編號

(c) 卡諾圖的最小項位置

圖 2-3　三個輸入變數之卡諾圖

列數	A	B	C	D	最小項
0	0	0	0	0	$\overline{A}\,\overline{B}\,\overline{C}\,\overline{D}$
1	0	0	0	1	$\overline{A}\,\overline{B}\,\overline{C}\,D$
2	0	0	1	0	$\overline{A}\,\overline{B}\,C\,\overline{D}$
3	0	0	1	1	$\overline{A}\,\overline{B}\,C\,D$
4	0	1	0	0	$\overline{A}\,B\,\overline{C}\,\overline{D}$
5	0	1	0	1	$\overline{A}\,B\,\overline{C}\,D$
6	0	1	1	0	$\overline{A}\,B\,C\,\overline{D}$
7	0	1	1	1	$\overline{A}\,B\,C\,D$
8	1	0	0	0	$A\,\overline{B}\,\overline{C}\,\overline{D}$
9	1	0	0	1	$A\,\overline{B}\,\overline{C}\,D$
10	1	0	1	0	$A\,\overline{B}\,C\,\overline{D}$
11	1	0	1	1	$A\,\overline{B}\,C\,D$
12	1	1	0	0	$A\,B\,\overline{C}\,\overline{D}$
13	1	1	0	1	$A\,B\,\overline{C}\,D$
14	1	1	1	0	$A\,B\,C\,\overline{D}$
15	1	1	1	1	$A\,B\,C\,D$

(a) 真值表

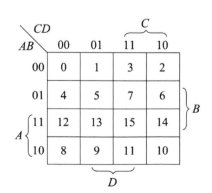

(b) 卡諾圖和方格編號

圖 2-4　四個輸入變數之卡諾圖

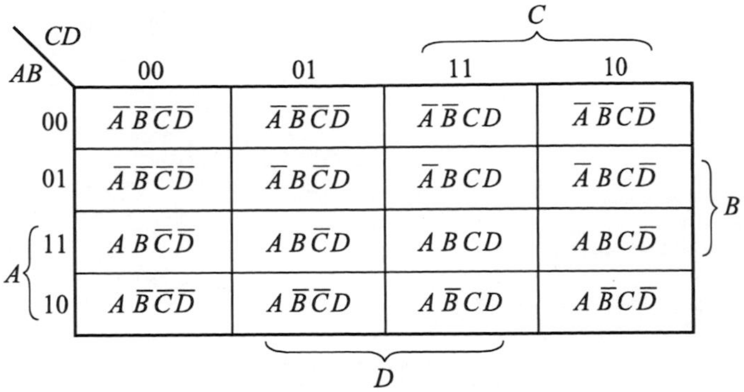

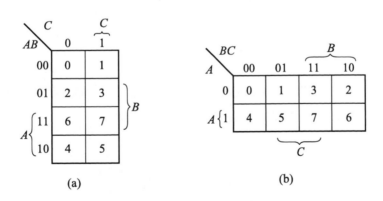

(c) 卡諾圖和最小項

圖 2-4　四個輸入變數之卡諾圖(續)

在三個輸入變數的卡諾圖中，A 為 MSB，C 為 LSB，BC 的排法為 00、01、11、10 (格雷碼方式)，如此才有兩兩相鄰且只有一個變數不同的特性；當然了，若你不喜歡上述輸入變數的組合方式，也可以改成 AB 在一起，而 C 自己一個，但是 AB 的排法仍為 00、01、11、10 哦！如圖 2-5 所示為 AB 或 BC 在一起的情況。

(a)

(b)

圖 2-5　三個輸入變數卡諾圖和方格編號

在四個輸入變數的卡諾圖(圖 2-4)中，A 為 MSB，D 為 LSB；不論 AB 或 CD，其排列方式均為 00、01、11、10，以符合相鄰項的特性。同樣地，你也可以將 AB 及 CD 整組的位置互換，只要你喜歡的話；不過，別忘了，方格內的編號也將跟著改變才是。如圖 2-6 所示即為 AB 與 CD 位置互換的卡諾圖。

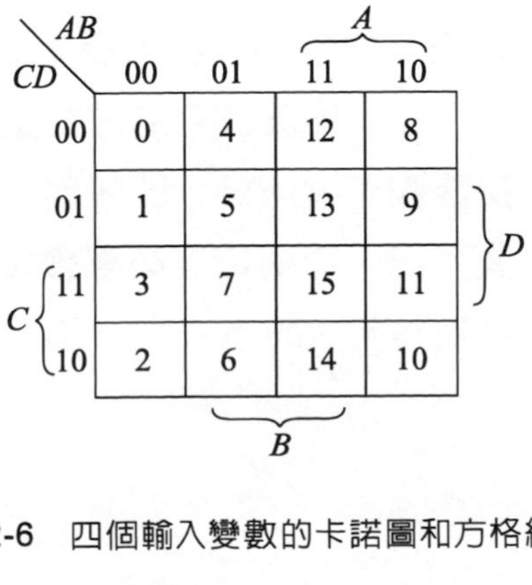

圖 2-6　四個輸入變數的卡諾圖和方格編號

　　介紹完卡諾圖各方格的定義後，接著將介紹如何利用卡諾圖來從事簡化布林代數的工作。

積項之和(SOP)式的化簡步驟

1. 將布林函數化為標準的積項之和

例　$f(A，B，C) = AB + A\overline{C} + B\overline{C} + A\overline{B}C$

$\qquad\qquad = AB(\overline{C} + C) + A\overline{C}(\overline{B} + B) + B\overline{C}(\overline{A} + A) + A\overline{B}C$

$\qquad\qquad = AB\overline{C} + ABC + A\overline{B}\overline{C} + AB\overline{C} + \overline{A}B\overline{C} + AB\overline{C} + A\overline{B}C$

$\qquad\qquad = AB\overline{C} + ABC + A\overline{B}\overline{C} + \overline{A}B\overline{C} + A\overline{B}C$

$\qquad\qquad\qquad\qquad\qquad$ (∵ $AB\overline{C}$重複，可消去只剩一個)

2. 根據標準的積項之和(SOP 式)，轉換成 SOP 式的數字式，即

$\qquad f(A，B，C) = AB\overline{C} + ABC + A\overline{B}\,\overline{C} + \overline{A}B\overline{C} + A\overline{B}C$

$\qquad\qquad = \Sigma(6，7，4，2，5)$

$\qquad\qquad = \Sigma(2，4，5，6，7)$………………　依序寫出，便於填入方格

3. 將SOP式的數字式中出現的數字，在卡諾圖相對應的方格內填入 1，其餘的方格則全部填入 0。(填入 0 的動作，常常省略)。

4. 將相鄰方格中被標示為 1 的格子，依 2^n 個數目用圓圈圈起來($n = 1，2，3，\cdots$)，即圓圈內的方格數應為 2，4，8，$\cdots$ ；而畫圓圈圈有二個原則，一為圓圈愈大愈好，即圓圈內的方格數愈多愈好，如此才能消掉更多的輸入變數；另一原則為圓圈圈數愈少愈好；且每一方格均可被重複使用(圈選)，直到所有標 1 的方格均被圈選完為止。

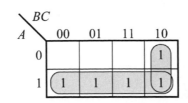

5. 將圈起來的每一組保留相同輸入變數值的變數，消去不相同輸入變數值的變數；最後再將簡化後的每一組 OR 起來，即成為最簡的布林式。

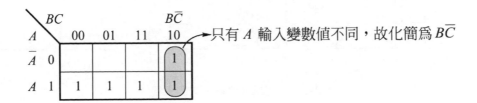

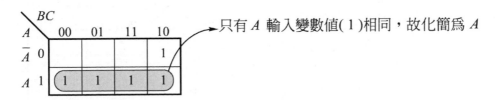

所以布林函數 $f(A，B，C) = AB + A\overline{C} + B\overline{C} + A\overline{B}C$

的最簡布林式為 $f(A，B，C) = A + B\overline{C}$

從上面的例子中，我們可以發現相鄰的兩個方格，可以消去 1 個輸入變數，相鄰的四個方格，則可以消去 2 個輸入變數，而相鄰的八個方格，則可以消去 3 個輸入變數；以此類推；這也是圈要愈大、愈少的原因，如此才能獲得最簡的布林式。

以下，分別列出二個、三個及四個輸入變數卡諾圖一些常用的基本組合方式，相信多看幾次，將更能熟練與體會卡諾圖的化簡方式。

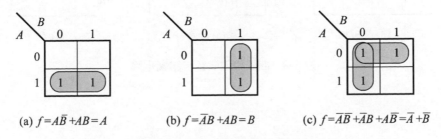

(a) $f = A\overline{B} + AB = A$　　(b) $f = \overline{A}B + AB = B$　　(c) $f = \overline{A}\,\overline{B} + \overline{A}B + A\overline{B} = \overline{A} + \overline{B}$

圖 2-7　二個輸入變數卡諾圖化簡

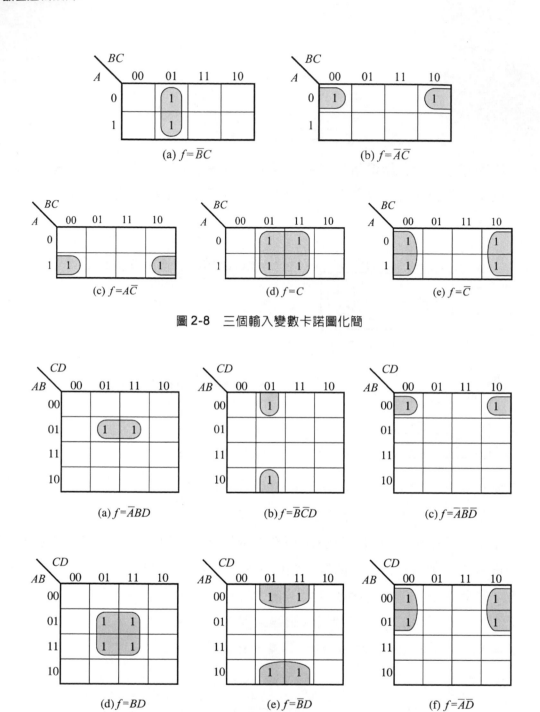

圖 2-8 三個輸入變數卡諾圖化簡

圖 2-9 四個輸入變數卡諾圖化簡

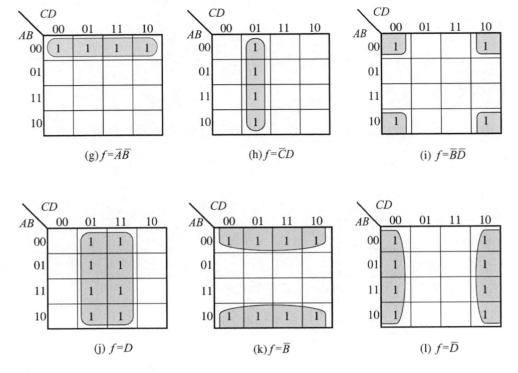

(g) $f = \overline{A}\,\overline{B}$　　(h) $f = \overline{C}D$　　(i) $f = \overline{B}\,\overline{D}$

(j) $f = D$　　(k) $f = \overline{B}$　　(l) $f = \overline{D}$

圖 2-9　四個輸入變數卡諾圖化簡(續)

例題 9

利用卡諾圖，將 $f(A，B，C) = \overline{A}\,\overline{B} + B\overline{C} + A\overline{B}\,\overline{C} + A\overline{B}C$ 化成最簡式

解

$$f(A，B，C) = \overline{A}\,\overline{B} + B\overline{C} + A\overline{B}\,\overline{C} + A\overline{B}C$$
$$= \overline{A}\,\overline{B}(\overline{C} + C) + B\overline{C}(\overline{A} + A) + A\overline{B}\,\overline{C} + A\overline{B}C$$
$$= \overline{A}\,\overline{B}\,\overline{C} + \overline{A}\,\overline{B}C + \overline{A}B\overline{C} + AB\overline{C} + A\overline{B}\,\overline{C} + A\overline{B}C$$
$$= \Sigma(0，1，2，6，4，5)$$

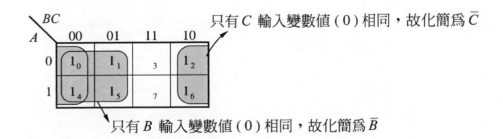

只有 C 輸入變數值（0）相同，故化簡為 $\overline{C}$

只有 B 輸入變數值（0）相同，故化簡為 $\overline{B}$

所以 $f(A，B，C)$ 的最簡式為 $\overline{B} + \overline{C}$

其實，當我們熟練卡諾圖的化簡方法後，常常是將布林函數直接填入卡諾圖中，以節省化簡時間，例如：

例題 10

利用卡諾圖，將 $Y(A，B，C，D) = B\overline{C}D + ABCD + \overline{B}\,\overline{C}D$ 化成最簡式

解

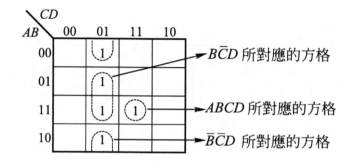

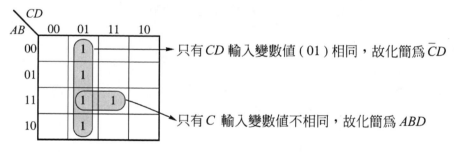

所以 $Y(A，B，C，D)$ 的最簡式為 $\overline{C}D + ABD$

以下的幾個例子為圓圈愈大愈好、愈少愈好的應用，如此才能獲得最簡的布林式。

例題 11

化簡 $f(A，B，C，D)=\Sigma(0，1，2，3，6，7，13，15)$

解

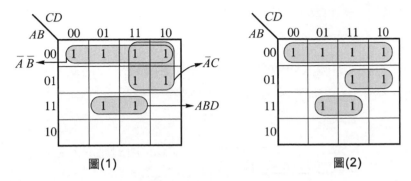

圖(1)　　　　　　　　　圖(2)

本例題的圖(1)與圖(2)均有 3 個圈，但圖(1)較符合圈愈大愈好的原則，故圖(1)為正確的化簡法，所以其最簡式為 $f(A，B，C，D)=\overline{A}\,\overline{B}+\overline{A}C+ABD$

例題 12

化簡 $f(W，X，Y，Z)=\Sigma(0，4，5，7，8，9，13，15)$

解

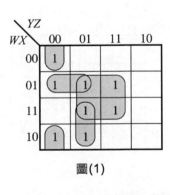

圖(1)

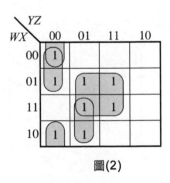

圖(2)

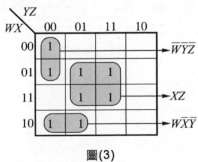

圖(3)

在本例題的圖(1)、(2)、(3)中，圖(3)較符合圈愈少愈好的原則，故圖(3)為正確的化簡法，所以其最簡式為 $f(W，X，Y，Z)=XZ+\overline{W}\,\overline{Y}\overline{Z}+W\overline{X}\,\overline{Y}$

例題 13

化簡 $f=\overline{A}B\overline{C}+\overline{A}\,\overline{C}E+\overline{A}\,\overline{B}\overline{E}+AC+BC\overline{E}$

解

由題目知該函數的輸入變數共有 A、B、C、E 四個(因為題目中只出現此四個輸入變數)，依題意分別將各項填入相對應的卡諾圖方格中。

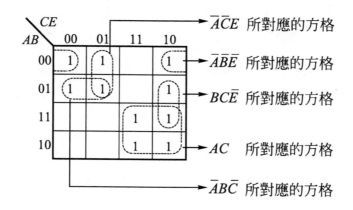

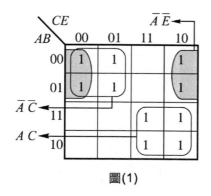

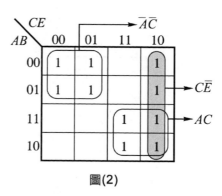

圖(1)　　　　　　　　　　　圖(2)

由於圖(1)與圖(2)均含有 4 個方格的 3 個圓圈，所以皆為正確的化簡法，故其最簡式為 $f=\overline{A}\,\overline{C}+AC+\overline{A}\,\overline{E}$ 或 $f=\overline{A}\,\overline{C}+AC+C\overline{E}$

和項之積(POS)式的化簡步驟

由於積項之和(SOP)與和項之積(POS)的差別，只在於積項的邏輯狀態定義為1，所以SOP式的化簡，只對方格內標示為1的作化簡，而和項的邏輯狀態定義為0，故POS式的化簡，只須對方格內標示為0的作化簡即可，其餘的步驟與方法，幾乎與SOP式的化簡相同。例如：

例題 14

試將 $f(X，Y，Z) = (X + Y + Z)(X + \overline{Y} + Z)(\overline{X} + \overline{Y} + Z)(\overline{X} + \overline{Y} + \overline{Z})$ 化成最簡的 POS 式。

解

$$f(X，Y，Z) = (X + Y + Z)(X + \overline{Y} + Z)(\overline{X} + \overline{Y} + Z)(\overline{X} + \overline{Y} + \overline{Z})$$
$$= \pi(0，2，6，7)$$

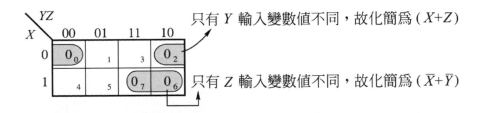

只有 Y 輸入變數值不同，故化簡為 $(X+Z)$

只有 Z 輸入變數值不同，故化簡為 $(\overline{X}+\overline{Y})$

所以 $f(X，Y，Z)$ 的最簡式為 $(\overline{X} + \overline{Y})(X + Z)$

例題 15

試將 $f = (A + B + C + D)(A + B + C + \overline{D})(A + B + \overline{C})(\overline{A} + \overline{B} + \overline{C})(\overline{A} + B)$ 化成最簡 POS 式。

解

由題目出現的POS式中，可知該函數共有 A、B、C、D 四個輸入變數，依題意分別將各項填入相對應的卡諾圖方格中。

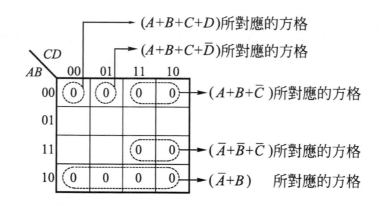

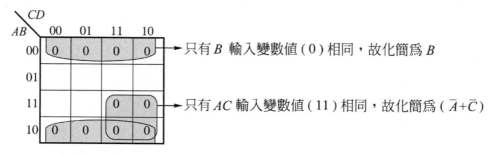

所以函數 f 的最簡 POS 式為 $B(\overline{A} + \overline{C})$

當然了，在上述的例子，我們亦可將其化成最簡的SOP式；而其方法很簡單，只要將未填入 "0" 的方格圈起來，化簡即為所求。(還記得前面所說的──未填入 1 的方格，即表示 0，相反的，未填入 0 的方格，當然表示 1 囉！) 所以利用此方法，我們可輕易的將例題15直接轉化為最簡的 SOP 式。

所以例題15的最簡 SOP 式為 $\overline{A}B + B\overline{C}$，此式，竟然剛好等於其最簡 POS 式 $B(\overline{A} + \overline{C})$ 的乘開式子；然而並不是每一函數的最簡SOP式與最簡POS式都剛好如此哦！

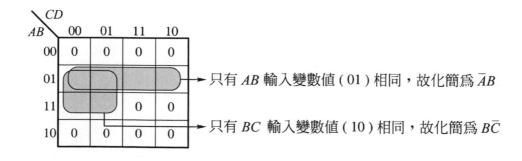

隨意項(don't care term)

在前面幾節的討論中，卡諾圖的方格(最小項或最大項)都是明確地表明為1或者是0；然而在許多組合邏輯電路的設計時，常常是有些方格(邏輯的狀態)可明確為1或者是0，而另外一些方格卻可以為1，也可以為0，此種情況，稱為隨意項或不考慮項；在卡諾圖的方格中常填入 "×"、"ϕ" 或 "d" 來表示。

例題 16

設某一邏輯電路的真值表如表(1)所示，試將該邏輯電路以最簡 SOP 式及最簡 POS 式表示。

表(1)

列數	輸入			輸出
	A	B	C	f
0	0	0	0	1
1	0	0	1	0
2	0	1	0	1
3	0	1	1	×
4	1	0	0	0
5	1	0	1	×
6	1	1	0	1
7	1	1	1	×

解

(1)將真值表轉換成布林函數 SOP 式的數字表示式，即

$f(A，B，C) = \Sigma(0，2，6) + d(3，5，7)$，分別將1及 × (隨意項)填入相對應的卡諾圖方格中。

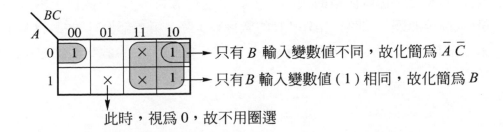

所以該電路的最簡 SOP 式為 $B + \bar{A}\bar{C}$

(2)將真值表中的 0 及 × (隨意項)分別填入相對應的卡諾圖方格中。

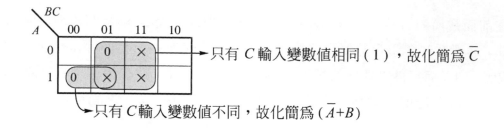

只有 C 輸入變數值相同（1），故化簡為 $\overline{C}$

只有 C 輸入變數值不同，故化簡為 $(\overline{A}+B)$

所以該電路的最簡 POS 式為 $\overline{C}(\overline{A} + B)$

2-5　列表法化簡布林代數

當輸入變數增多(超過 5 個)時，就很難使用卡諾圖來做化簡了，而列表法卻可以使用一定的步驟逐一化簡；對於任一函數，均可保證簡化成一標準式，且尚可使用計算機(電腦)求得結果；但其缺點是演算過程冗長而單調，令人厭倦，反而容易產生錯誤(對人而言)。

列表法可分為二大步驟；第一，先尋找包含在欲簡化函數內所有的項，這些項稱為必要項(prime-implicants)。第二，從必要項中選出可以構成最少文字簡化式的各項。以下將由例題的演算，逐一介紹其方法規則：

例題 17

以列表法簡化布林函數 $f(A，B，C，D)=\Sigma(1，4，6，7，8，9，10，11，15)$

解

(1)表(1)的 a 行，係將函數的最小項依其二進位數目中"1"的數目，劃分為 4 部份(以橫線曲隔)；即第一部份"1"的數目有 1 個，第二部份"1"的數目有 2 個，第三部份"1"的數目有 3 個，……。(1，4，8，6，…的數字則為題目的最小項)。

⑵表(1)的 b 行，係由 a 行中每一部份(由橫線曲隔的 4 部份)中的每一列向下面部份中的每一列作比較而獲得。其方法爲：如果上一部份的數(最小項值)，其差爲 2 的次方值(0，1，2，4，8，16，…)時，便將此二數用"✔"註明(如 a 行中最小項旁之勾勾✔。)，並將此二數一起記於 b 行中，而括號內的數目，即爲此二數相差的大小。

表(1)　決定必要項

(a) ABCD			(b)			(c)	
0001	1	✔	1,9	(8)		8,9,10,11	(1,2)
0100	4	✔	4,6	(2)		8,9,10,11	(1,2)
1000	8	✔	8,9	(1)	✔		
			8,10	(2)	✔		
0110	6	✔					
1001	9	✔	6,7	(1)			
1010	10	✔	9,11	(2)	✔		
			10,11	(1)	✔		
0111	7	✔					
1011	11	✔	7,15	(8)			
			11,15	(4)			
1111	15	✔					

⑶表(1)的 c 行，係由 b 行中每一部份(由橫線區隔的 3 部份)中的每一列向下面部份中的每一列作核對而獲得，若括號內的數目相同，且下面部份列的最小項數要爲上面部份列的最小項數大 2 的次方值，便可以將此二列用"✔"註明，並將此二列的最小項數目一起記於 c 行中；而 c 行括號內的數目，則爲 b 行原來括號數目及二列最小項前前或後後數目之差。在表(1)中

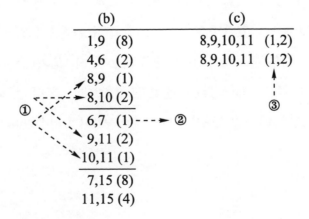

①此二列由於括號內數目相同，且下面部份列的最小項較上面部份列的最小項大2的次方值(0，1，2，4，8，…)。故能結合在一起，而成為c行。

②此列"6,7 (1)"由於沒有較"8,9 (1)"列大2的次方值，雖然括號內的數目相同，但並不能組合在一起而成為c行。

③此括號內的數目，由"8,9 (1)"與"10,11 (1)"二列中原"(1)"與$10-8=$ 2或$11-9=2$而獲得"(1,2)"。而另一則由"8,10 (2)"與"9,11 (2)"二列中原"(2)"與$9-8=1$或$11-10=1$而獲得"(1,2)"。

⑷①在表(1)中，未被標註"✔"之項，即為"必要項"，如表(2)所示，而函數的最簡式則由必要項表中選出。

表(2) 必要項

十進位數	二進位數 ABCD	項式
1,9(8)	− 0 0 1	$\overline{B}\,\overline{C}D$
4,6(2)	0 1 − 0	$\overline{A}B\overline{D}$
6,7(1)	0 1 1 −	$\overline{A}BC$
7,15(8)	− 1 1 1	BCD
11,15(4)	1 − 1 1	ACD
8,9,10,11(1,2)	1 0 − −	$A\overline{B}$

註：括號內的數目，亦表示其二進位數共同被消去的輸入變數，以" − "表示。

②在表(3)中，最上面一列為原函數有的9個最小項，"X"表示該最小項包含在該列的必要項，如1、9項，則在其最小項1與9的下面打上"X"記號，其餘依此類推，完成所有必要項的"X"記號。

③觀察表(3)中的"X"記號，只含1個"X"的最小項有4個，即1、4、8與10。最小項1包含在必要項$\overline{B}\,\overline{C}D$中，故選出此必要項(旁邊打"✔")，必能包含最小項1；同樣地，最小項4包含在必要項$\overline{A}B\overline{D}$中，亦選出(打"✔")此必要項；最小項8、10均包含在必要項$A\overline{B}$中，亦打上"✔"記號。這些被打上"✔"的項稱為"主必要項"(essential prime implicant)，為函數簡化後其中的一項。

表(3)　主必要項

			1	4	6	7	8	9	10	11	15
✔	$\overline{B}\,\overline{C}D$	1,9	X					X			
✔	$\overline{A}B\overline{D}$	4,6		X	X						
	$\overline{A}BC$	6,7			X	X					
	BCD	7,15				X					X
	ACD	11,15								X	X
✔	$A\overline{B}$	8,9,10,11					X	X	X	X	
			✔	✔	✔		✔	✔	✔	✔	

④❶由於 $\overline{B}\,\overline{C}D$ 被選出(打✔)，該項包含最小項 1、9，故在最小項 1 與 9 的地方(最後一列)註明"✔"(表示已被包含)。

　❷由於 $\overline{A}B\overline{D}$ 被選出，該項包含最小項 4、6，故在最小項 4 與 6 的地方註明"✔"。

　❸同樣地，由於 $A\overline{B}$ 被選出，故在最小項 8、9、10、11 的地方註明"✔"。

⑤在必要項表中，除最小項 7 與 15 未被三個主必要所包含外，其餘均已包含在其中。為了要含蓋此二項，所以選擇 BCD 必要項。故該函數的最簡應為：

$$F(A，B，C，D)=\overline{B}\,\overline{C}D+\overline{A}B\overline{D}+BCD+A\overline{B}。$$

例題 18

以列表法簡化布林函數

$F(A，B，C，D，E)=\Sigma(0，1，4，5，16，17，21，25，29)$

解

其方法同例題 17 中所敘述，故僅用表列出其過程。

表(1) 決定必要項

(a) ABCDE			(b)			(c)	
0 0 0 0 0	0	✔	0,1	(1)		0,1,4,5	(1,4)
0 0 0 0 1	1	✔	0,4	(4)	✔	0,1,16,17	(1,16)
0 0 1 0 0	4	✔	0,16	(16)	✔	17,21,25,29	(4,8)
1 0 0 0 0	16		1,5	(4)	✔	17,21,25,29	(4,8)
0 0 1 0 1	5	✔	1,17	(16)	✔		
1 0 0 0 1	17	✔	5,21	(16)			
1 0 1 0 1	21	✔	17,21	(4)	✔		
1 1 0 0 1	25	✔	17,25	(8)	✔		
1 1 1 0 1	29	✔	21,29	(8)	✔		
			25,29	(4)	✔		

表(2) 必要項

十進位數	二進位數 ABCDE	項式
0,1(1)	0 0 0 0 −	$\overline{A}\,\overline{B}\,\overline{C}\,\overline{D}$
5,21(16)	− 0 1 0 1	$\overline{B}C\overline{D}E$
0,1,4,5(1,4)	0 0 − 0 −	$\overline{A}\,\overline{B}\,\overline{D}$
0,1,16,17(1,16)	− 0 0 0 −	$\overline{B}\,\overline{C}\,\overline{D}$
17,21,25,29(4,8)	1 − − 0 1	$A\overline{D}E$

表(3)　主必要項

		0	1	4	5	16	17	21	25	29
	0,1	X	X							
$\overline{B}C\overline{D}E$	5,21				X			X		
✔ $\overline{A}\,\overline{B}\,\overline{D}$	0,1,4,5	X	X	X	X					
✔ $\overline{B}\,\overline{C}\,\overline{D}$	0,1,16,17	X	X			X	X			
✔ $A\overline{D}E$	17,21,25,29						X	X	X	X
		✔	✔	✔		✔	✔	✔	✔	

所以該函數的最簡為

$$F(A，B，C，D，E)=\overline{A}\,\overline{B}\,\overline{D}+\overline{B}\,\overline{C}\,\overline{D}+A\overline{D}E$$

學了以上各種布林代數的化簡方法，是否覺得十分有趣呢？若對於化簡的方法與技巧尚有點生疏，沒關係，有空做做後面的習題，相信必能逐漸熟練哦！

一、選擇題

本章習題

_____ 1. 布林代數式 $(A\overline{A})$，$(A + \overline{A})$，$(A + 1)$，$A + 0$ 的結果分別為

(A)$(A，1，\overline{A}，0)$　(B)$(0，1，1，A)$

(C)$(1，0，1，0)$　(D)$(A，\overline{A}，1，0)$。

_____ 2. 下列布林等式中，何者錯誤？

(A)$A + \overline{A} = 0$　(B)$A\overline{A} = 0$　(C)$A + AB = A$　(D)$A + BC = (A + B)(A + C)$。

_____ 3. 如欲簡化 $f = \overline{A}BC + BC\overline{D} + A\overline{B}D + A\overline{C}D + ABCD$，則 f 之最簡式

應為　(A)$BC + AD$　(B)$BC + A\overline{D}$　(C)$A\overline{B} + CD$　(D)$\overline{A}\,\overline{B} + CD$。

_____ 4. 試用卡諾圖，化簡 $f = A\overline{B}C\overline{D} + ACD + BCD + A\overline{B}C + \overline{A}\,\overline{B}CD + \overline{A}\,\overline{B}C\overline{D} + \overline{A}B\overline{C}\,\overline{D} + AB\overline{C}\,\overline{D}$，其值為

(A)$f = CD + \overline{B}C + B\overline{C}\,\overline{D}$　(B)$f = AB + CD$　(C)$f = A\overline{B}$

(D)$f = BC + B\overline{C}\,\overline{D}$。

_____ 5. 布林代數式 $Y = \overline{A}\,\overline{B}CD + \overline{A}BC\overline{D} + A\overline{B}\,\overline{C}\,\overline{D} + A\overline{B}\,\overline{C}D + AB\overline{C}\,\overline{D} + AB\overline{C}\,\overline{D} + AB\overline{C}D + ABC\overline{D}$ 的最簡式為

(A)$Y = A\overline{D} + A\overline{C}D + \overline{C}D$　(B)$Y = A\overline{C} + C\overline{D}$　(C)$Y = \overline{A}C\overline{D}$　(D)$Y = AC$。

_____ 6. 邏輯函數 $F = AB\overline{C} + A\overline{D} + A\overline{C}D + A\overline{B}C$ 之最簡化的積項之和 (Sum of Product)為

(A) $F = A\overline{B} + A\overline{C} + AC\overline{D}$

(B)$F = (\overline{A} + B) \cdot (\overline{A} + C) \cdot (\overline{A} + D)$

(C)$F = (\overline{A} + B) \cdot (\overline{A} + C) \cdot (\overline{A} + \overline{C} + D)$

(D)$F = A\overline{B} + A\overline{C} + A\overline{D}$。

本章習題

_____ 7. 如圖(1)所示之卡諾圖，則 $f(A，B，C，D)$ 之最簡布林代數式為

 (A)$\overline{B}\overline{D}+\overline{A}\overline{B}C+\overline{A}BD$

 (B)$\overline{A}\overline{B}\overline{D}+\overline{A}BD+AD$

 (C)$AD+\overline{B}D+\overline{A}B\overline{D}$

 (D)$A\overline{D}+\overline{B}\overline{D}+\overline{A}BD$。

AB＼CD	00	01	11	10
00	1			1
01		1	1	
11	1			1
10	1			1

圖(1)

_____ 8. 如圖(2)之卡諾圖經化簡後其結果為何？(× 表示 don't care)

 (A)$B+C$

 (B)$\overline{A}B+C$

 (C)$\overline{A}+BC$

 (D)$\overline{A}BC$。

	$\overline{A}\overline{B}$	$\overline{A}B$	AB	$A\overline{B}$
$\overline{C}$	0	1	×	×
C	1	×	×	1

圖(2)

_____ 9. 邏輯函數 $f(A，B，C)=\overline{A}\,\overline{B}\,\overline{C}+A\overline{B}\,\overline{C}+AB\overline{C}+\overline{A}B\overline{C}$ 可化簡為

 (A)$\overline{A}+B$　(B)$\overline{B}$　(C)$\overline{C}$　(D)A。

_____ 10. 一邏輯電路其輸出 Y 的方程式 $Y=\overline{A}\overline{B}C+\overline{A}B\overline{C}+AB\overline{C}+A\overline{B}C$ 化簡之後為　(A)$A\overline{B}+B\overline{C}$　(B)$B\overline{C}+\overline{B}C$　(C)$A\overline{B}\overline{C}+C$　(D)$\overline{B}C+A\overline{C}$。

_____ 11. 邏輯函數 $F=AB+BCD+ABD+\overline{A}C+ABC\overline{D}+BC\overline{D}+ABCD$ 之最簡化的積項之和(Sum of Product)為

 (A)$AB+BC$　(B)$AB+\overline{A}C+BC$　(C)$\overline{A}C+BC$　(D)$AB+\overline{A}C$。

____12. 表(1)是一邏輯函數之真值表，以和之積(product of sum)式可表示為

(A)$(A + B + \overline{C})(A + \overline{B} + C)(A + \overline{B} + C)(\overline{A} + B + C)$

(B)$(A + B + \overline{C})(A + \overline{B} + \overline{C})(\overline{A} + B + \overline{C})(\overline{A} + \overline{B} + \overline{C})$

(C)$(A + \overline{B} + \overline{C})(A + B + C)(A + \overline{B} + C)(\overline{A} + \overline{B} + \overline{C})$

(D)$(A + B + C)(A + B + \overline{C})(A + B + C)(\overline{A} + B + C)$。

表(1)

A	B	C	y
0	0	0	1
0	0	1	0
0	1	0	1
0	1	1	0
1	0	0	1
1	0	1	0
1	1	0	1
1	1	1	0

____13. 有一布林函數 $F(A，B，C，D) = \Sigma(4，6，7，12，14，15)$，化簡後可得函數 F 為 (A)$B\overline{C} + B\overline{D}$ (B)$BC + B\overline{D}$ (C)$B\overline{C} + \overline{B}\overline{D}$ (D)$BC + BD$。

____14. 函數 $f = \overline{y}\overline{z} + y\overline{z} + xy + xyz$ 的最簡式為 (A)$\overline{y}\overline{z} + y\overline{z} + xy$ (B)$\overline{z} + xy$ (C)$\overline{x}\overline{z} + x\overline{z} + xy$ (D)$\overline{z} + y$。

____15. 布林式 $W + WX + WXY + WXYZ =$ (A)$WXYZ$ (B)1 (C)0 (D)W。

____16. 試將布林式 $F(A，B，C，D) = (A + B + C + D) \cdot (A + B + C + \overline{D}) \cdot (A + B + \overline{C}) \cdot (\overline{A} + \overline{B} + \overline{C}) \cdot (\overline{A} + B)$ 化為最簡式 (A)$B \cdot (A + C)$ (B)$(A + \overline{B}) \cdot (A + B) \cdot (\overline{A} + \overline{C})$ (C)$B \cdot (\overline{A} + \overline{C})$ (D)$(A + B) \cdot (\overline{A} + B)$。

____17. 試將布林代數式 $Y = \overline{A}B + AB + AC$，以和之積的形式表示

(A)$Y = (A + \overline{B})(\overline{A} + \overline{B} + \overline{C})$ (B)$Y = (A + \overline{B})(\overline{A} + B + C)$

(C)$Y = (\overline{A} + B)(A + \overline{B} + C)$ (D)$Y = (\overline{A} + B)(A + B + \overline{C})$。

____18. 布林代數式 $Y = \overline{A}\overline{C} + \overline{C}\overline{D} + A\overline{C} + \overline{A}C\overline{D} + \overline{A}\overline{B}D + \overline{A}BD$，經化簡後其最簡式為

(A)$Y = A + C$ (B)$Y = A + B$ (C)$Y = \overline{A} + \overline{C}$ (D)$Y = \overline{A} + \overline{B}$。

_____ 19. 邏輯函數 $F = A\overline{C}D + A\overline{B}C + A\overline{D} + AB\overline{C}$ 的最簡積項之和(Sum OfProduct)

為

(A) $A\overline{B} + A\overline{C} + AC\overline{D}$ 　　　　(B) $A\overline{B} + A\overline{C}$

(C) $(\overline{A} + B)(\overline{A} + C)(\overline{A} + \overline{C} + D)$ 　(D) $A\overline{B} + A\overline{C} + A\overline{D}$。

_____ 20. 邏輯函數 $f(A，B，C，D) = \Sigma(0，2，8，12，13)$；則 f 之最簡布林

代數式為

(A) $(A + C)(\overline{A} + \overline{B})(B + C)$

(B) $(\overline{A} + \overline{C})(\overline{A} + B)(\overline{B} + C)$

(C) $(A + \overline{D})(B + \overline{C})(C + \overline{D})(B + D)$

(D) $(\overline{A} + \overline{C})(A + \overline{B})(B + \overline{D})$。

本章習題

二、演算題

1. 化簡 $f(A，B，C，D) = \Sigma(2，3，8，10，12)$ 為最簡 SOP 式。

2. 化簡 $f(W，X，Y，Z) = \Sigma(0，1，2，3，4，6，8，9，10，11，15)$ 為

最簡 SOP 式。

3. 化簡 $f(A，B，C，D) = \overline{A}\,\overline{B}\,\overline{C}\,\overline{D} + B\overline{C}D + \overline{A}\,\overline{C} + A$ 為最簡 SOP 式。

4. 化簡 $f(A，B，C，D) = \Sigma(1，2，5，6，9) + d(10，11，12，13，14，$

15) 為最簡 SOP 式。

5. 化簡 $f(A，B，C，D) = \pi(1，3，4，5，9，13，14，15) + d(2，6，11)$

為最簡 POS 式。

6. 試利用列表法化簡布林函數 $f(A，B，C，D) = \Sigma(0，1，2，3，5，7，$

8，10，11，15)

3

邏輯閘與
第摩根定理

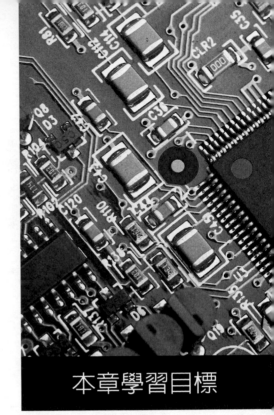

前面幾章，可以說是介紹數位邏輯這門學科的基本知識與概念；而從本章開始，則是玩眞的，因爲可以看到、摸到、用到……；本章各小節將循序漸進一步步介紹各種邏輯閘的符號、特性、布林式、眞值表及其輸入、輸出端的波形時序等。

第摩根(De Morgan)發現二個重要的定理(即後人稱謂的第摩根定理)，使得布林代數的定理更爲完備。

■ 1. 各種邏輯閘的符號、特性、布林式、眞值表及其輸入、輸出端的波形。

■ 2. 與各種邏輯閘相同特性的簡單開關電路。

■ 3. 第摩根定理及其應用。

□ 3-1 反相閘

反相閘(NOT gate)，常稱為反閘或反相器(inverter)，如圖 3-1 所示為常見反相閘的符號與真值表；**其特性為——輸出恆為輸入的補數**；也就是說，當輸入端 A 的信號為邏輯 0 時，則輸出端 f 的信號即為邏輯 1；反之，當輸入端 A 的信號為邏輯 1 時，則輸出端 f 的信號即為邏輯 0。所以其布林式以 $f = \overline{A}$ 來表示。反相器與其他邏輯閘組合時，為了使符號簡化，常將反相器符號中的三角形省略，而只保留小圓圈代表反相(補數)與其他邏輯閘組合，可參考往後將介紹的 NOR 閘、NAND閘及 XNOR 閘。

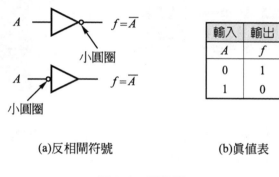

(a)反相閘符號   (b)真值表

圖 3-1　反相閘

反相器的邏輯觀念可以用簡單的燈泡電路來說明；假設開關 A 閉合(ON)時，代表邏輯 1；開關 A 不閉合(OFF)時，就代表邏輯 0；而燈泡 f 發亮代表邏輯 1，不亮就代表邏輯 0，如圖 3-2 所示，當開關 A 在 OFF 位置($A = 0$)時，燈泡有電流 I 流過，所以燈泡發亮($f = 1$)；反之，當開關 A 在 ON 位置($A = 1$)時，由於燈泡被短路了，所以燈泡不亮($f = 0$)。

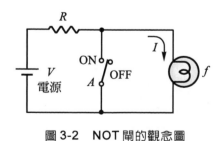

圖 3-2　NOT 閘的觀念圖

在邏輯電路上，爲了能推動較大的負載或更多的邏輯閘數(也就是提高扇出數)，常常將兩個反相器串接，形成等效的**緩衝器(buffer)**，如圖3-3所示；由於其布林式$f = \overline{f_1} = \overline{\overline{A}} = A$(布林代數的自補律)，所以**緩衝器的特性爲：輸出恆與輸入具相同的狀態。**

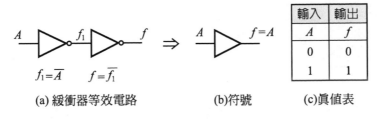

(a) 緩衝器等效電路　　(b)符號　　(c)眞値表

圖3-3　緩衝器

3-2　或　閘

或閘(OR gate)代表邏輯加法的基本運算，或閘常具有兩個或兩個以上的輸入端，但只有一個輸出端，其符號如圖3-4所示。

(a) 2 輸入端的 OR 閘　　(b) 3 輸入端的 OR 閘　　(c) N 輸入端的 OR 閘

圖3-4　或閘的符號

由於或閘代表邏輯加法的基本運算，所以圖 3-4 中各個或閘的布林式分別爲 (a) $f = A + B$　(b) $f = A + B + C$　(c) $f = A + B + C + D + \cdots$；而表3-1所示爲 2 個及 3 個輸入端或閘的眞値表，在每個眞値表右邊所附加的運算則爲利用其布林式將輸入端(A、B或A、B、C)狀態作加法運算的過程。

從或閘的眞値表中，可以發現**或閘的特性爲：只要有任一或更多輸端的信號爲邏輯 1 時，則輸出端 f 的信號即爲邏輯 1；換句話說；當所有的輸入端信號皆爲邏輯 0 時，則輸出端 f 的信號才爲邏輯 0**；此外，由圖3-5所示 2 個輸入端或閘的輸入、輸出信號波形時序圖中，可以更清楚印證或閘的特性。

表 3-1　OR 閘真值表

(a) 2 輸入端 OR 閘的真值表

輸入		輸出	
A	B	f	
0	0	0	◀----0 + 0 = 0
0	1	1	◀----0 + 1 = 1
1	0	1	◀----1 + 0 = 1
1	1	1	◀----1 + 1 = 1

(b) 3 輸入端 OR 閘的真值表

輸入			輸出	
A	B	C	f	
0	0	0	0	◀----0 + 0 + 0 = 0
0	0	1	1	◀----0 + 0 + 1 = 1
0	1	0	1	◀----0 + 1 + 0 = 1
0	1	1	1	◀----0 + 1 + 1 = 1
1	0	0	1	◀----1 + 0 + 0 = 1
1	0	1	1	◀----1 + 0 + 1 = 1
1	1	0	1	◀----1 + 1 + 0 = 1
1	1	1	1	◀----1 + 1 + 1 = 1

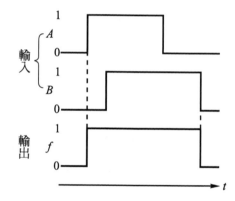

圖 3-5　OR 閘的輸入、輸出信號波形之時序圖

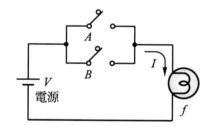

圖 3-6　OR 閘的觀念圖

　　或閘的邏輯觀念可以用簡單的燈泡電路來說明，如圖 3-6 所示，當開關 A 及 B 均在 OFF 位置($A = 0$、$B = 0$)時，燈泡 f 沒有電流 I 流過，所以燈泡不亮($f = 0$)；反之，只要開關 A 與 B 有任一個或兩者均在 ON 的位置($A = 0$、$B = 1$或$A = 1$、$B = 0$或 $A = 1$、$B = 1$)時，燈泡 f 就有電流 I 流過，故燈泡發亮($f = 1$)。

例題 1

設某間小郵局內有三位櫃台人員，在每一位人員的腳邊都有一個腳踏按鈕連接到警察局的警報系統；只要有任何一個或更多個按鈕被踏下時，在警察局內的紅色警告燈(用 LED 表示)就會發亮，請設計此電路。

解

如圖(1)所示之電路，設 A、B、C 均表櫃台人員腳邊的按鈕。當所有的按鈕均未被踏下時，或閘的輸入端均爲 0V($V(0)$或邏輯 0)，致使輸出端 f 呈現低電位($V(0)$或邏輯 0)，所以，警察局的警告燈不會亮。但是，只要 A、B、C 有任一個或更多個按鈕被踏下時，或閘的輸入端將變爲高電位($V(1)$或邏輯 1)，致使輸出端 f 呈現高電位($V(1)$或邏輯 1)，此時，警察局的警告燈將亮起。

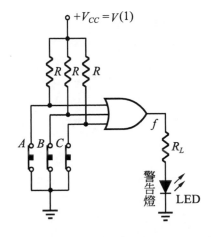

圖(1)　警報系統電路

☐ 3-3　及　閘

　　及閘(AND gate)代表邏輯乘法的基本運算；及閘同樣常具有兩個或兩個以上的輸入端，但只有一個輸出端，其符號如圖 3-8 所示。

(a) 2 輸入端的 AND 閘　　(b) 3 輸入端的 AND 閘　　(c) N 輸入端的 AND 閘

圖 3-7　及閘的符號

　　由於及閘代表邏輯乘法的基本運算，所以圖 3-7 中各個及閘的布林式分別爲 (a) $f = A \cdot B = AB$　(b) $f = A \cdot B \cdot C = ABC$　(c) $f = A \cdot B \cdot C \cdot D \cdots = ABCD\cdots$；而表 3-2 則爲 2 個及 3 個輸入端及閘的眞值表，在每個眞值表右邊所附加的運算式則爲利用其布林式將輸入端(A、B或A、B、C)狀態作乘法運算的過程。

　　從及閘的眞值表中，亦可發現**及閘的特性爲：只要有任一或更多輸入端的信號爲邏輯 0 時，則輸出端 f 的信號即爲邏輯 0；換句話說，當所有輸入端的信號皆爲邏輯 1 時，則輸出端 f 的信號才爲邏輯 1**；此外，由圖 3-8 所示 3 個輸入端及閘的輸入、輸出信號波形時序圖中，可以更清楚印證及閘的特性。

表 3-2　AND 閘的真值表

(a) 2 輸入端 AND 閘的真值表

輸入		輸出	
A	B	f	
0	0	0	◀----- $0 \cdot 0 = 0$
0	1	0	◀----- $0 \cdot 1 = 0$
1	0	0	◀----- $1 \cdot 0 = 0$
1	1	1	◀----- $1 \cdot 1 = 1$

(b) 3 輸入端 AND 閘的真值表

輸入			輸出	
A	B	C	f	
0	0	0	0	◀----- $0 \cdot 0 \cdot 0 = 0$
0	0	1	0	◀----- $0 \cdot 0 \cdot 1 = 0$
0	1	0	0	◀----- $0 \cdot 1 \cdot 0 = 0$
0	1	1	0	◀----- $0 \cdot 1 \cdot 1 = 0$
1	0	0	0	◀----- $1 \cdot 0 \cdot 0 = 0$
1	0	1	0	◀----- $1 \cdot 0 \cdot 1 = 0$
1	1	0	0	◀----- $1 \cdot 1 \cdot 0 = 0$
1	1	1	1	◀----- $1 \cdot 1 \cdot 1 = 1$

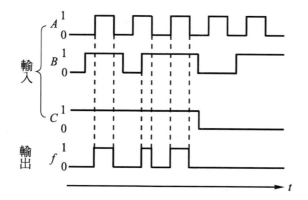

圖 3-8　AND 閘的輸入、輸出信號波形時序

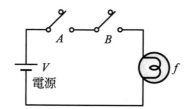

圖 3-9　AND 閘的觀念圖

及閘的邏輯觀念可以用簡單的燈泡電路來說明，如圖 3-9 所示，當開關 A 與 B 有任一或兩者均在 OFF 位置($A = 0$、$B = 1$ 或 $A = 1$、$B = 0$ 或 $A = 0$、$B = 0$)時，燈泡 f 沒有電流 I 流過，所以燈泡不亮($f = 0$)；反之，當開關 A 或 B 均在 ON 的位置($A = 1$、$B = 1$)時，燈泡 f 就有電流 I 流過，故燈泡發亮($f = 1$)。

例題 2

在汽車駕駛座前的儀表板中均有一車門未關妥指示燈(以 LED 表示)，當汽車車門有任何一個或一個以上未關妥時，該指示燈將亮起，用以警告駕駛者；請設計此電路。

解

如圖(1)所示之電路，設 A、B、C、D 表車門的關妥偵測按鈕。當所有的車門均關妥時，即表示所有的按鈕均被壓下，使得及閘的輸入端均輸入高電壓(近似 $+V_{CC}$ 或邏輯 1)，造成及閘的輸出端 f' 呈現邏輯 1 的狀態，經反相器反相，輸出端 f 呈現邏輯 0 (低電壓)狀態，故指示燈(LED)不發亮。

若有一個或一個以上的車門未關妥時，即表示 A、B、C、D 按鈕有一個或一個以上未被壓下，將使得及閘的輸入端有一個或一個以上為 0V(邏輯 0)，故其輸出端 f' 呈現邏輯 0 的狀態，經反相器反相，則輸出端 f 呈現邏輯 1(高電壓)狀態，所以指示燈(LED)亮起。

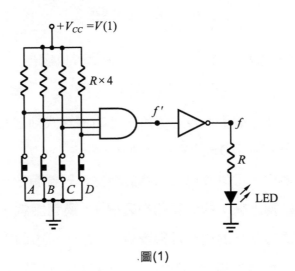

圖(1)

◨ 3-4 反或閘

反或閘(NOR gate)是將或閘的輸出再經反閘(NOT gate)反相所組成的邏輯閘，所以其符號是在或閘的輸出端加上一個小圓圈(如 3-1 節所述，代表反相)，如圖 3-10 所示。

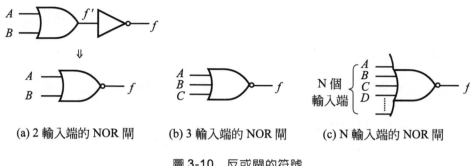

(a) 2 輸入端的 NOR 閘 (b) 3 輸入端的 NOR 閘 (c) N 輸入端的 NOR 閘

圖 3-10 反或閘的符號

由圖 3-11(a)可知其布林式為 $f = \overline{f'} = \overline{A+B}$；所以圖(b)、(c)之布林式分別為 (b) $f = \overline{A+B+C}$ (c) $f = \overline{A+B+C+D+\cdots}$；表 3-3 所示則為 2 個與 3 個輸入端反或閘的真值表。在每個真值表右邊所附加的運算式則為利用其布林式將輸入端(A、B 或 A、B、C)狀態作 NOR 運算的過程。

從反或閘的真值表中，可以發現**反或閘的特性：只要有任一個或更多個輸入端的信號為邏輯 1 時，則輸出端 f 的信號即為邏輯 0；換句話說，當所有的輸入端信號皆為邏輯 0 時，則輸出端 f 的信號才為邏輯 1**；此外，由圖 3-11 所示 2 個與 3 個輸入端反或閘的輸入、輸出信號波形時序圖中，可以更清楚印證反或閘的特性。

表 3-3 反或閘的真值表

(a) 2 輸入端 NOR 閘的真值表

輸入		輸出	
A	B	f	
0	0	1	◀---- $\overline{0+0} = \overline{0} = 1$
0	1	0	◀---- $\overline{0+1} = \overline{1} = 0$
1	0	0	◀---- $\overline{1+0} = \overline{1} = 0$
1	1	0	◀---- $\overline{1+1} = \overline{1} = 0$

(b) 3 輸入端 NOR 閘的真值表

輸入			輸出	
A	B	C	f	
0	0	0	1	◀---- $\overline{0+0+0} = \overline{0} = 1$
0	0	1	0	◀---- $\overline{0+0+1} = \overline{1} = 0$
0	1	0	0	◀---- $\overline{0+1+0} = \overline{1} = 0$
0	1	1	0	◀---- $\overline{0+1+1} = \overline{1} = 0$
1	0	0	0	◀---- $\overline{1+0+0} = \overline{1} = 0$
1	0	1	0	◀---- $\overline{1+0+1} = \overline{1} = 0$
1	1	0	0	◀---- $\overline{1+1+0} = \overline{1} = 0$
1	1	1	0	◀---- $\overline{1+1+1} = \overline{1} = 0$

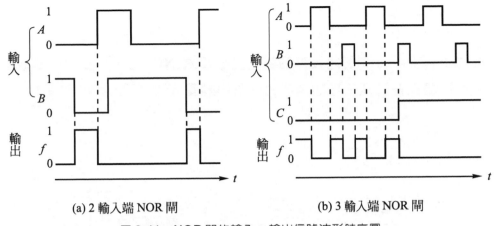

(a) 2 輸入端 NOR 閘　　　　　　(b) 3 輸入端 NOR 閘

圖 3-11　NOR 閘的輸入、輸出信號波形時序圖

例題 3

試將兩輸入端的反或閘，轉變成**反相器(NOT gate)**。

解

有兩種常見的連接方式，其中最常見者為

$$A \longrightarrow\!\!\supset\!\!\circ\!\!\longrightarrow f \Rightarrow A \longrightarrow\!\!\supset\!\!\circ\!\!\longrightarrow f \Rightarrow A \longrightarrow\!\!\triangleright\!\!\circ\!\!\longrightarrow f$$

因為 $f = \overline{A + A} = \overline{A}$；而另一種連接方式為

$$A \longrightarrow\!\!\supset\!\!\circ\!\!\longrightarrow f \Rightarrow A \longrightarrow\!\!\triangleright\!\!\circ\!\!\longrightarrow f$$
$$\underline{\bot}\, V(0)$$

因為 $f = \overline{A + 0} = \overline{A}$

由於反或閘可以組合成各種基本邏輯閘(將於 **3-8** 節的第摩根定理中介紹)，所以又可稱為**萬用閘**或**通用閘(general purpose gate)**。

◫ 3-5　反及閘

　　反及閘(NAND gate)是將及閘的輸出再經反閘(NOT gate)反相所組成的邏輯閘，所以其符號是在及閘的輸出端加上一個小圓圈(代表反相)，如圖 3-12 所示。

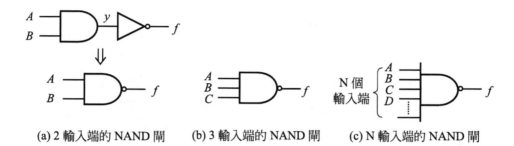

(a) 2 輸入端的 NAND 閘　　　(b) 3 輸入端的 NAND 閘　　　(c) N 輸入端的 NAND 閘

圖 3-12　反及閘的符號

　　由圖 3-12(a)可知其布林式為 $f = \bar{y} = \overline{A \cdot B} = \overline{AB}$，所以圖(b)、(c)之布林式分別為　(b) $f = \overline{A \cdot B \cdot C} = \overline{ABC}$　(c) $f = \overline{A \cdot B \cdot C \cdot D \cdots} = \overline{ABCD\cdots}$；表 3-4 則為 2 個與 3 個輸入端反及閘的真值表。在真值表右邊所附加的運算式為利用其布林式將輸入端(A、B 或 A、B、C)狀態作 NAND 運算的過程。

表 3-4　NAND 閘的真值表

(a) 2 輸入端 NAND 閘的真值表

輸入		輸出	
A	B	f	
0	0	1	$\longleftarrow$ $\overline{0 \cdot 0} = \bar{0} = 1$
0	1	1	$\longleftarrow$ $\overline{0 \cdot 1} = \bar{0} = 1$
1	0	1	$\longleftarrow$ $\overline{1 \cdot 0} = \bar{0} = 1$
1	1	0	$\longleftarrow$ $\overline{1 \cdot 1} = \bar{1} = 0$

(b) 3 輸入端 NAND 閘的真值表

輸入			輸出	
A	B	C	f	
0	0	0	1	$\longleftarrow$ $\overline{0 \cdot 0 \cdot 0} = \bar{0} = 1$
0	0	1	1	$\longleftarrow$ $\overline{0 \cdot 0 \cdot 1} = \bar{0} = 1$
0	1	0	1	$\longleftarrow$ $\overline{0 \cdot 1 \cdot 0} = \bar{0} = 1$
0	1	1	1	$\longleftarrow$ $\overline{0 \cdot 1 \cdot 1} = \bar{0} = 1$
1	0	0	1	$\longleftarrow$ $\overline{1 \cdot 0 \cdot 0} = \bar{0} = 1$
1	0	1	1	$\longleftarrow$ $\overline{1 \cdot 0 \cdot 1} = \bar{0} = 1$
1	1	0	1	$\longleftarrow$ $\overline{1 \cdot 1 \cdot 0} = \bar{0} = 1$
1	1	1	0	$\longleftarrow$ $\overline{1 \cdot 1 \cdot 1} = \bar{1} = 0$

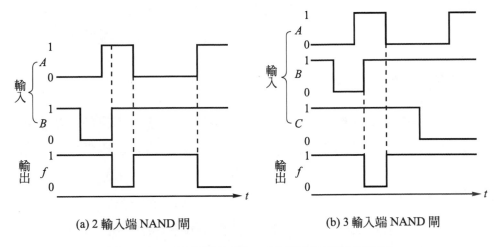

(a) 2 輸入端 NAND 閘　　　　　　　(b) 3 輸入端 NAND 閘

圖 3-13　NAND 閘的輸入、輸出信號波形之時序圖

　　從反及閘的真值表中，可以發現**反及閘的特性：與及閘的特性剛好相反，即只**
要有任一個或更多個輸入端的信號為邏輯 0 時，則輸出端 f 的信號即為邏輯 1；換
句話說，當所有輸入端的信號皆為邏輯 1 時，則輸出端 f 的信號才為邏輯 0；此外，
由圖 3-13 所示 2 個與 3 個輸入端反及閘的輸入、輸出信號波形時序圖中，可以更清
楚印證反及閘的特性。

例題 4

試將兩輸入端的反及閘，轉變成反相器(NOT gate)

解

有兩種常見的連接方式，其中最常見者為

$$A \longrightarrow \text{NAND} \longrightarrow f \Rightarrow A \longrightarrow \text{NAND} \longrightarrow f \Rightarrow A \longrightarrow \text{NOT} \longrightarrow f$$

因為 $f = \overline{A \cdot A} = \overline{A}$；而另一種連接方式為

$$\begin{array}{c} V(1) \\ A \longrightarrow \text{NAND} \longrightarrow f \Rightarrow A \longrightarrow \text{NOT} \longrightarrow f \end{array}$$

因為 $f = \overline{A \cdot 1} = \overline{A}$

同樣地，由於反及閘(NAND)與反或閘(NOR)可以組成各種基本邏輯閘(3-8 節的第摩根定理中介紹)，所以反及閘與反或閘均稱為萬用閘或通用閘。

◨ 3-6 互斥或閘

互斥或閘(eXclusive-OR gate，XOR)的特性：其實並不屬於基本的邏輯閘，因為互斥或閘的運算是一種奇數函數(odd function)的運算，也就是它只辨認具有奇數個 1 的輸入狀態，即當輸入端的信號共有奇數個(1，3，5，…)為邏輯 1 時，則輸出端的信號就為邏輯 1；如圖 3-14 所示為 XOR 閘的符號，一般而言，兩個輸入端的 XOR 閘較常見，三個(含)以上輸入端的 XOR 閘符號則較不常見，多以兩個輸入端的 XOR 閘組合取代，如圖 3-14(b)、(c)所示。

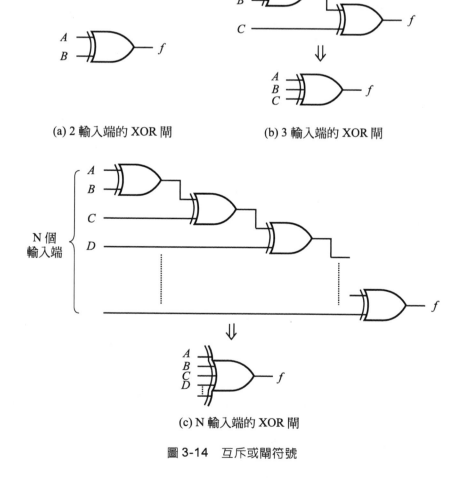

(a) 2 輸入端的 XOR 閘　　　　　(b) 3 輸入端的 XOR 閘

(c) N 輸入端的 XOR 閘

圖 3-14　互斥或閘符號

XOR 閘的運算動作，常以 ⊕ 符號來表示，所以圖 3-14 XOR 閘的布林式分別
為　(a) $f = A \oplus B$　(b) $f = A \oplus B \oplus C$　(c) $f = A \oplus B \oplus C \oplus D \oplus \cdots$；表 3-5 則為 2 個與
3 個輸入端互斥或閘的真值表。在真值表右邊所附加的運算式為利用其布林式將輸
入端 (A、B或A、B、C)狀態作 XOR 運算的過程。

表 3-5　XOR 閘的真值表

(a) 2 輸入端 XOR 閘的真值表

輸入		輸出	
A	B	f	
0	0	0	◀----- $0 \oplus 0 = 0$
0	1	1	◀----- $0 \oplus 1 = 1$
1	0	1	◀----- $1 \oplus 0 = 1$
1	1	0	◀----- $1 \oplus 1 = 0$

(b) 3 輸入端 XOR 閘的真值表

輸入			輸出	
A	B	C	f	
0	0	0	0	◀----- $0 \oplus 0 \oplus 0 = 0$ (偶數個 1)
0	0	1	1	◀----- $0 \oplus 0 \oplus 1 = 1$ (奇數個 1)
0	1	0	1	◀----- $0 \oplus 1 \oplus 0 = 1$ (奇數個 1)
0	1	1	0	◀----- $0 \oplus 1 \oplus 1 = 0$ (偶數個 1)
1	0	0	1	◀----- $1 \oplus 0 \oplus 0 = 1$ (奇數個 1)
1	0	1	0	◀----- $1 \oplus 0 \oplus 1 = 0$ (偶數個 1)
1	1	0	0	◀----- $1 \oplus 1 \oplus 0 = 0$ (偶數個 1)
1	1	1	1	◀----- $1 \oplus 1 \oplus 1 = 1$ (奇數個 1)

常見的兩個輸入端的 XOR 閘，其布林式有多種表示方式，如

$$f = A \oplus B$$
$$= \overline{A}B + A\overline{B}$$
$$= (\overline{A} + \overline{B})(A + B)$$

而由 $f = \overline{A}B + A\overline{B}$ 的布林式，可以很容易印證表 3-5(a)的真值表，依輸入狀
況分別如下：

1. 當 $A = 0$、$B = 0$ 時，則 $f = \overline{A}B + A\overline{B} = \overline{0} \cdot 0 + 0 \cdot \overline{0}$
$$= 1 \cdot 0 + 0 \cdot 1 = 0。$$

2. 當 $A = 0$、$B = 1$ 時，則 $f = \overline{A}B + A\overline{B} = \overline{0} \cdot 1 + 0 \cdot \overline{1}$
$$= 1 \cdot 1 + 0 \cdot 0 = 1。$$

3. 當 $A = 1$、$B = 0$ 時，則 $f = \overline{A}B + A\overline{B} = \overline{1} \cdot 0 + 1 \cdot \overline{0}$
$$= 0 \cdot 0 + 1 \cdot 1 = 1。$$

4. 當 $A = 1$、$B = 1$ 時，則 $f = \overline{A}B + A\overline{B} = \overline{1} \cdot 1 + 1 \cdot \overline{1}$
$$= 0 \cdot 1 + 1 \cdot 0 = 0。$$

　　如圖 3-15 所示為兩個常見兩輸入端 XOR 閘的等效電路,至於為何其布林式與 XOR 閘的布林式相等,則留待 3-8 小節中介紹,而圖 3-16 所示則為其輸入、輸出信號波形的時序圖,由圖中可知:兩輸入信號相同時,輸出信號則為邏輯 0,當兩輸入信號不相同時,輸出信號才為邏輯 1。

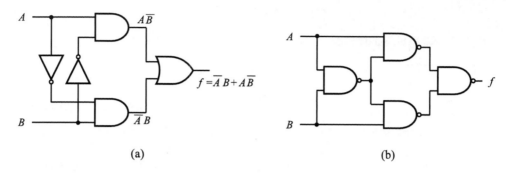

(a)　　　　　　　　　　　　　　　　　(b)

圖 3-15　XOR 閘的等效電路

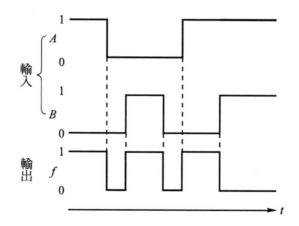

圖 3-16　2 輸入 XOR 閘輸入、輸出波形時序圖

例題 5

試將兩輸入端的互斥或閘(XOR)轉變成反相器與緩衝器。

解

⑴ **XOR→NOT(互斥或閘轉變成反相器)**

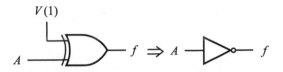

因為 $f = A \oplus B = \overline{A}B + A\overline{B} = \overline{A} \cdot 1 + A \cdot \overline{1} = \overline{A}$

⑵ **XOR→Buffer(互斥或閘轉變成緩衝器)**

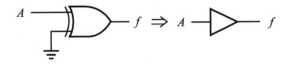

因為 $f = A \oplus B = \overline{A}B + A\overline{B} = \overline{A} \cdot 0 + A \cdot \overline{0} = A$

■ 3-7　反互斥或閘

　　反互斥或閘(eXclusive-NOR gate，XNOR)的特色：由於是一種偶數函數(even function)的運算，所以與互斥或閘一樣，都不屬於基本的邏輯閘。反互斥或閘(XNOR)的特性恰與互斥或閘(XOR)的相反，即當輸入端的信號共有偶數個(0，2，4，…)為邏輯 1 時，則輸出端的信號就為邏輯 1。如圖 3-17 所示為 XNOR 閘的符號；不過常用的，還是以兩輸入端的 XNOR 閘居多，三個(含)以上輸入端的 XNOR 閘，多以組合的方式來取代，如圖 3-17(b)、(c)所示。

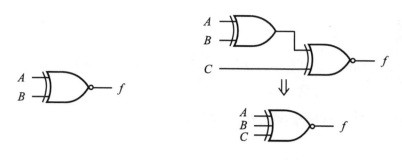

(a) 2 輸入端的 XNOR 閘   (b) 3 輸入端的 XNOR 閘

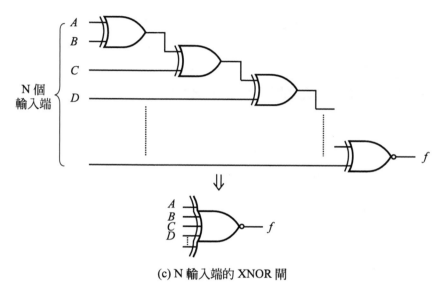

(c) N 輸入端的 XNOR 閘

圖 3-17　反互斥或閘符號

XNOR 閘的運算動作，常以 ⊙ 符號來表示，所以圖 3-17 XNOR 閘的布林式分別為

(a) $f = \overline{A \oplus B} = A \odot B$，

(b) $f = \overline{A \oplus B \oplus C} = A \oplus B \odot C = A \odot B \oplus C$，

(c) $f = \overline{A \oplus B \oplus C \oplus D \oplus \cdots}$，

表 3-6 則為 2 個與 3 個輸入端反互斥或閘的真值表；在真值表右邊所附加的運算式為利用其布林式的運算過程。

表 3-6　XNOR 的真值表

(a) 2 輸入端 XNOR 閘的真值表

輸入		輸出
A	B	f
0	0	1
0	1	0
1	0	0
1	1	1

◄---- $0 \odot 0 = 1$
◄---- $0 \odot 1 = 0$
◄---- $1 \odot 0 = 0$
◄---- $1 \odot 1 = 1$

(b) 3 輸入端 XNOR 閘的真值表

輸入			輸出
A	B	C	f
0	0	0	1
0	0	1	0
0	1	0	0
0	1	1	1
1	0	0	0
1	0	1	1
1	1	0	1
1	1	1	0

◄---- $\overline{0 \oplus 0 \oplus 0} = 1$ (偶數個 1)
◄---- $\overline{0 \oplus 0 \oplus 1} = 0$ (奇數個 1)
◄---- $\overline{0 \oplus 1 \oplus 0} = 0$ (奇數個 1)
◄---- $\overline{0 \oplus 1 \oplus 1} = 1$ (偶數個 1)
◄---- $\overline{1 \oplus 0 \oplus 0} = 0$ (奇數個 1)
◄---- $\overline{1 \oplus 0 \oplus 1} = 1$ (偶數個 1)
◄---- $\overline{1 \oplus 1 \oplus 0} = 1$ (偶數個 1)
◄---- $\overline{1 \oplus 1 \oplus 1} = 0$ (奇數個 1)

常見的兩個輸入端的 XNOR 閘，其布林式亦有多種表示方式，如

$$
\begin{aligned}
f &= \overline{A \oplus B} \\
&= A \odot B \\
&= \overline{A}\,\overline{B} + AB \\
&= (\overline{A} + B)(A + \overline{B})
\end{aligned}
$$

　　而由 $f = \overline{A}\,\overline{B} + AB$ 的布林式，可以很容易印證表 3-6(a)的真值表，依輸入狀況分別如下：

1.　當 $A = 0$、$B = 0$ 時，則 $f = \overline{A}\,\overline{B} + AB = \overline{0} \cdot \overline{0} + 0 \cdot 0$
　　　　　　　　　　$= 1 \cdot 1 + 0 \cdot 0 = 1$。

2.　當 $A = 0$、$B = 1$ 時，則 $f = \overline{A}\,\overline{B} + AB = \overline{0} \cdot \overline{1} + 0 \cdot 1$
　　　　　　　　　　$= 1 \cdot 0 + 0 \cdot 1 = 0$。

3.　當 $A = 1$、$B = 0$ 時，則 $f = \overline{A}\,\overline{B} + AB = \overline{1} \cdot \overline{0} + 1 \cdot 0$
　　　　　　　　　　$= 0 \cdot 1 + 1 \cdot 0 = 0$。

4.　當 $A = 1$、$B = 1$ 時，則 $f = \overline{A}\,\overline{B} + AB = \overline{1} \cdot \overline{1} + 1 \cdot 1$
　　　　　　　　　　$= 0 \cdot 0 + 1 \cdot 1 = 1$。

對**兩個輸入端的 XNOR 閘**而言，只有輸入相同(同為邏輯 0 或邏輯 1)時，輸出才為 1，否則輸出必為 0；因此**常被使用於相等或比較的電路上**(比較器將於第六章中介紹)。圖 3-18 所示則是常見兩輸入端 XNOR 閘的等效電路；至於為何其布林式與 XNOR 閘的布林式相等，則仍留待第五章中介紹，而圖 3-19 所示則為其輸入、輸出信號波形的時序圖。

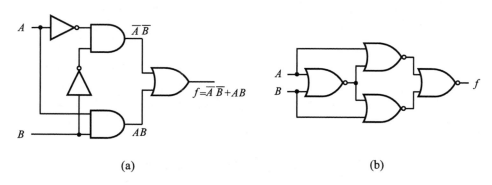

(a)   (b)

圖 3-18　XNOR 閘的等效電路

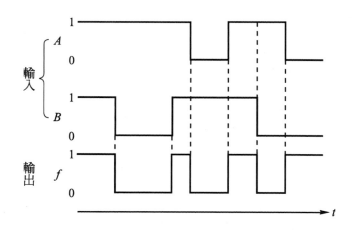

圖 3-19　2 輸入端 XNOR 閘輸入、輸出波形時序圖

例題 6

試將兩輸入端的反互斥或閘(XNOR)轉變成反相器與緩衝器。

解

⑴ **XNOR→NOT(反互斥或閘轉變成反相器)**

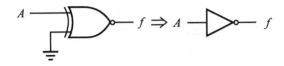

因為 $f = A \odot B = \overline{A}\overline{B} + AB = \overline{A} \cdot \overline{0} + A \cdot 0 = \overline{A}$

⑵ **XNOR→Buffer(反互斥或閘轉變成緩衝器)**

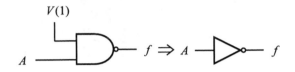

因為 $f = A \odot B = \overline{A}\overline{B} + AB = \overline{A} \cdot \overline{1} + A \cdot 1 = A$

▣ 3-8　第摩根定理(De Morgan's Theorem)

第摩根第一定理

如圖 3-20 所示是一個兩輸入端的反或閘(NOR)，其布林式為 $f = \overline{A + B}$，而表 3-7 則為其真值表。

表 3-7　NOR 閘真值表

A	B	f
0	0	1
0	1	0
1	0	0
1	1	0

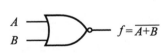

圖 3-20　NOR 閘符號

如圖 3-21 所示是一個先將兩輸入端經過反相器後,再接至及閘(AND)的組合邏輯電路,其布林式為 $f = \overline{A} \cdot \overline{B} = \overline{A}\,\overline{B}$,而表 3-8 則為該電路的真值表。

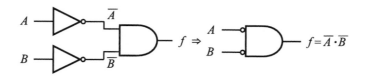

圖 3-21 輸入端先反相的及閘

表 3-8 圖 3-2 的真值表

A	B	$\overline{A}$	$\overline{B}$	f
0	0	1	1	1
0	1	1	0	0
1	0	0	1	0
1	1	0	0	0

比較表 3-7 與表 3-8,可以看出它們完全一樣,意謂著此二電路在邏輯上是相等的;當它們有同樣的輸入時,其輸出的結果必定相同;換句話說,圖 3-21 與圖 3-21 的邏輯電路可相互交換使用,而這就是**第摩根第一定理**,即:**當輸入變數作"或"運算後再反相,相當於 NOR 運算,等於輸入變數先個別反相後再作"及"運算**。若用式子表示:則

$$\overline{A + B} = \overline{A} \cdot \overline{B} \qquad\qquad \text{(2 個輸入端)}$$

當輸入端超過兩個時,第摩根第一定理可寫為

$$\overline{A + B + C} = \overline{A} \cdot \overline{B} \cdot \overline{C} \qquad\qquad \text{(3 個輸入端)}$$

$$\overline{A + B + C + D + \cdots} = \overline{A} \cdot \overline{B} \cdot \overline{C} \cdot \overline{D} \cdot \cdots \qquad\qquad \text{(}N\text{個輸入端)}$$

如圖 3-22 所示則是使用邏輯符號來表示第摩根第一定理。

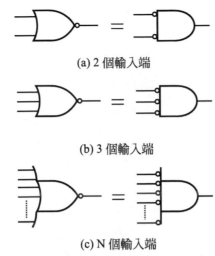

(a) 2 個輸入端

(b) 3 個輸入端

(c) N 個輸入端

圖 3-22　第摩根第一定理

例題 7

試利用兩輸入端的反或閘(NOR)，分別組成兩輸入端的及閘(AND)與兩輸入端的反及閘(NAND)。

解

⑴ NOR 閘 → AND 閘

及閘的布林式為 $f = A \cdot B$

反或閘的布林式為 $f = \overline{A + B} = \overline{A} \cdot \overline{B}$ (第摩根第一定理)

所以只須在反或閘的輸入端先加上反相器，就具有及閘的功能，即

$f = \overline{\overline{A} + \overline{B}} = \overline{\overline{A}} \cdot \overline{\overline{B}} = A \cdot B = AB$

如圖(1)所示為常見的兩輸入端及閘等效電路

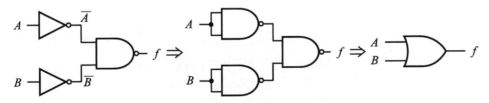

圖(1)　使用反或閘組成的及閘電路

(2) NOR 閘 → NAND 閘

反及閘的布林式為 $f = \overline{A \cdot B}$

所以只要在圖(1)及閘的組合電路輸出端再加上一個反相器，就形成反及閘，如圖(2)所示為常見的兩輸入端反及閘等效電路。

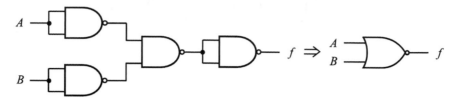

圖(2)　使用反或閘組成的反及閘電路

　　由以上的例子，再度印證反或閘(NOR)可以組成任何的基本邏輯閘與電路，所以稱為萬用閘。**在第二章中介紹的布林代數POS(和項之積)式，可以全部使用反或閘(NOR)來完成**，只要稍微應用第摩根第一定理即可。因為和項之積(POS)形式的邏輯函數可以用 OR-AND 閘來完成，完成之後，再應用第摩根第一定理，將 OR-AND閘的電路全部轉換成NOR閘所組合的電路。以下，我們就以幾個例子來作說明。

例題 8

試利用反或閘(NOR)閘組合完成下列布林函數

(1) $f(A，B，C) = (A + C)(B + C)$

(2) $f(x，y，z) = (x + \bar{z})(\bar{y} + z)(\bar{x} + y)$

解

(1) 因為 $f(A，B，C) = (A + C)(B + C)$ 為和項之積(POS)式的布林函數，故可以用 OR-AND 的邏輯閘來完成，所以電路為

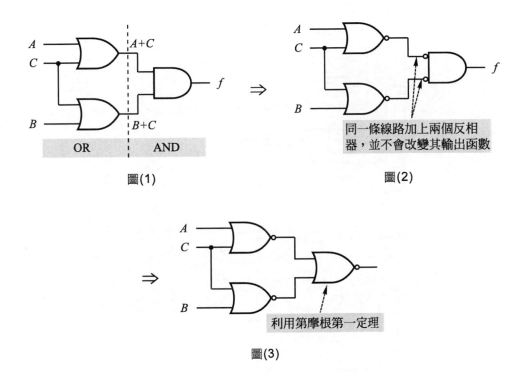

圖(1)　　　　　　　　　圖(2)

同一條線路加上兩個反相器，並不會改變其輸出函數

利用第摩根第一定理

圖(3)

(2)同樣地，由於 $f(x，y，z)=(x+\bar{z})(\bar{y}+z)(\bar{x}+y)$ 亦為 POS 式的布林函數，所以亦可以用 OR-AND 的邏輯閘來完成，其電路為

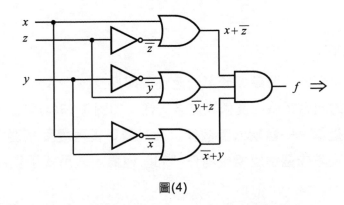

圖(4)

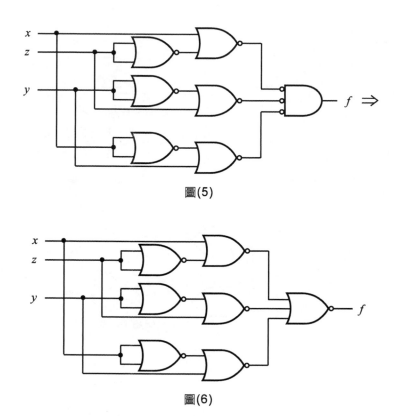

圖(5)

圖(6)

第摩根第二定理

　　第摩根第二定理的證明類似於第一定理，即反及閘(NAND)的真值表與輸入端先反相再經或閘的組合電路之真值表完全一樣，如圖 3-23(a)與圖 3-24(b)所示，所以**第摩根第二定理為——當輸入變數作"及"運算後再經反相器，相當於 NAND 運算，等於輸入變數先個別反相後再作"和"運算**，若用式子表示：則為

$$\overline{A \cdot B} = \overline{A} + \overline{B}$$ (2 個輸入端)

當輸入端超過兩個時，第摩根第二定理可寫爲

$$\overline{A \cdot B \cdot C} = \overline{A} + \overline{B} + \overline{C} \qquad (3 \text{ 個輸入端})$$

$$\overline{A \cdot B \cdot C \cdot D \cdot \cdots} = \overline{A} + \overline{B} + \overline{C} + \overline{D} + \cdots \qquad (N \text{個輸入端})$$

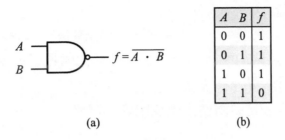

A	B	f
0	0	1
0	1	1
1	0	1
1	1	0

(a)   (b)

圖 3-23　反及閘的符號與真值表

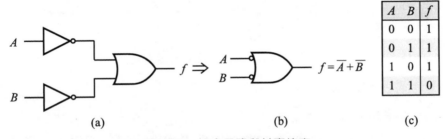

A	B	f
0	0	1
0	1	1
1	0	1
1	1	0

(a)   (b)   (c)

圖 3-24　組合電路與其真值表

如圖 3-25 所示則是使用邏輯符號：來表示第摩根第二定理。

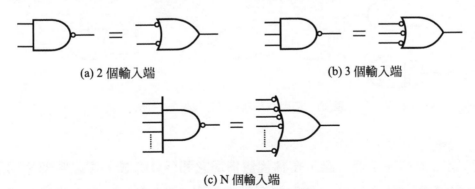

(a) 2 個輸入端   (b) 3 個輸入端

(c) N 個輸入端

圖 3-25　第摩根第二定理

例題 9

試利用兩輸入端的反及閘，分別組成兩輸入端的或閘與兩輸入端的反或閘。

解

(1) NAND 閘 → OR 閘

　　或閘的布林式為 $f = A + B$

　　反及閘的布林式為 $f = \overline{A \cdot B} = \overline{A} + \overline{B}$ (第摩根第二定理)

　　所以只須在反及閘的輸入端先加上反相器，就具有或閘的功能，即

　　$f = \overline{\overline{A} + \overline{B}} = \overline{\overline{A}} + \overline{\overline{B}} = A + B$

　　如圖(1)所示為常見的兩輸入端或閘等效電路。

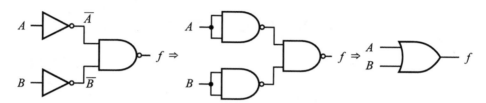

圖(1)　使用反及閘組成的或閘電路

(2) NAND 閘 → NOR 閘

　　反或閘的布林式為 $f = \overline{A + B}$

　　所以只要在圖(1)或閘的組合電路輸出端再加上一個反相器，就形成反或閘，
　　如圖(2)所示為常見的兩輸入端反或閘的等效電路。

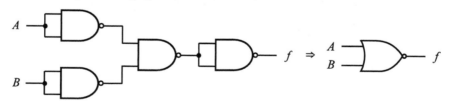

圖(2)　使用反及閘組成的反或閘電路

　　　　如同第摩根第一定理一般，**布林代數積項之和(SOP)式，可以全部使用反及閘(NAND)來完成**；因為 SOP 式的邏輯函數可以用 AND-OR 閘來完成，完成之後，再應用第摩根第二定理便可將電路轉換成全部由 NAND 閘所組成的。

例題 10

試利用反及閘(NAND)組合完成布林函數 $f(A，B，C，D)＝AB＋CD$

因爲 $f(A，B，C，D)＝AB＋CD$ 爲積項之和(SOP)式的布林函數，故可以用 AND-OR 的邏輯閘來完成，所以電路爲

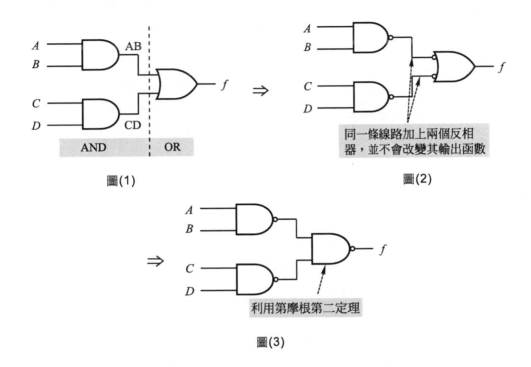

圖(1)　　⇒　　圖(2)

同一條線路加上兩個反相器，並不會改變其輸出函數

⇒

利用第摩根第二定理

圖(3)

由以上的幾個例子中，我們得知——POS 式的布林函數可以只用 NOR 閘來完成；而 SOP 式的布林函數則可以只用 NAND 閘來完成。在第四章中我們曾提及 POS式的布林函數與SOP式的布林函數可以相互轉換；所以，不論NOR閘或NAND 閘均可單獨組成任何的邏輯電路，故稱爲萬用閘或通用閘。

多層的 NOR 閘邏輯電路分析

　　邏輯電路若是由多層的NOR閘所組成時，將電路輸出端(最右邊)的NOR閘標示爲第一層，之後，由右至左的 NOR 閘分別標示爲第二層、第三層、……，直到

輸入端的NOR閘為止。標示為奇數層(第1、3、5、…層)的NOR閘,全部轉換成具反相輸入的 AND 閘(第摩根第一定理$\overline{A+B}=\overline{A}\cdot\overline{B}$);而標示為偶數層(第2、4、6、…層)的NOR閘,則保持不變,如此將造成同一條線路有兩個等效的反相器可相互抵消(符合布林代數的自補性,即$\overline{\overline{A}}=A$),因而使得電路的化簡變為簡單。

例題 11

試分析簡化圖(1)的電路,並寫出其輸出布林函數。

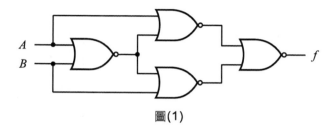

圖(1)

解

簡化的步驟如下:

⑴由於該電路全為NOR閘所組成的電路,故由輸出端的NOR閘標為第一層,在其左邊且與其相連的NOR閘則標為第二層,依此類推,則輸入端的NOR閘標為第三層,如圖(2)所示。

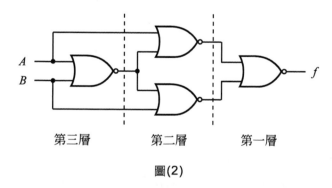

第三層　　　　第二層　　　　第一層

圖(2)

⑵將標為奇數層的NOR閘,全部換成具反相輸入的AND閘,如圖(3)所示。

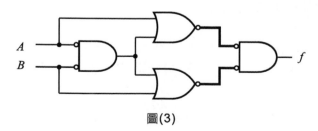

圖(3)

(3)由於同一條線路有兩個反相器，如圖(3)的粗黑線，故可相互抵消，簡化後的電路，如圖(4)所示。

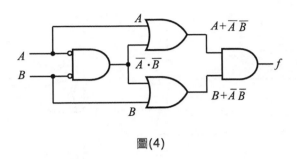

圖(4)

(4)所以該電路的輸出布林函數 f 為

$$f = (A + \overline{A}\overline{B})(B + \overline{A}\overline{B})$$
$$= A \cdot B + A \cdot \overline{A}\overline{B} + B \cdot \overline{A}\overline{B} + \overline{A}\overline{B} \cdot \overline{A}\overline{B}$$
$$= AB + \overline{A}\overline{B}$$
$$= A \odot B$$

即XNOR(反互斥或閘)的組合電路，還記得此電路曾在上一章中曾出現過嗎？

例題 12

試分析簡化圖(1)的電路，並寫出其輸出布林函數。

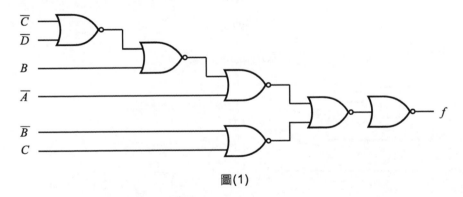

圖(1)

解

簡化的步驟如上述例題，為求簡潔，以下例子的解答，均用圖解及簡易說明。

(1)標出 NOR 閘的層次

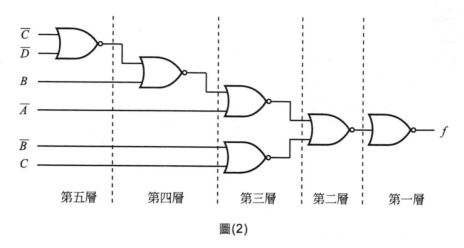

圖(2)

(2)轉換奇數層的 NOR 閘，畫出可相互抵消反相器的線路(以粗黑線表示)。

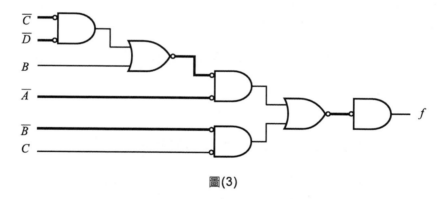

圖(3)

(3)重新整理，以方便寫出各閘輸出端的布林函數。

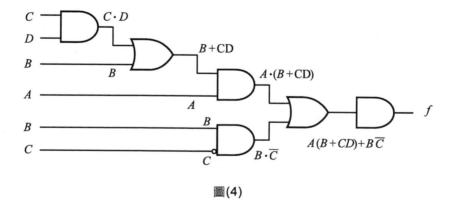

圖(4)

(4)輸出端 f 的布林函數爲

$$f = A(B + CD) + B\overline{C}$$
$$= AB + ACD + B\overline{C}$$

多層的 NAND 閘邏輯電路分析

簡化的方法與多層的 NOR 閘邏輯電路分析雷同，所不同的，只是將標爲奇數層的 NAND 閘，全部換成具反相輸入的 OR 閘(第摩根第二定理 $\overline{A \cdot B} = \overline{A} + \overline{B}$)，其餘的方法與步驟，則都雷同。

例題 13

試分析簡化圖(1)的電路，並寫出其輸出布林函數。

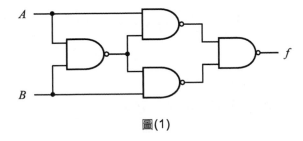

圖(1)

解

簡化的步驟如下：

(1)標出 NAND 閘的層次

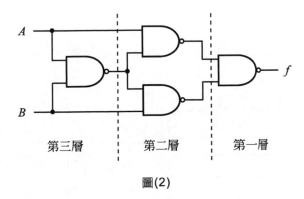

第三層　　　第二層　　　第一層

圖(2)

⑵轉換奇數層的 NAND 閘，畫出可相互抵消反相器的線路(以粗黑線表示)。

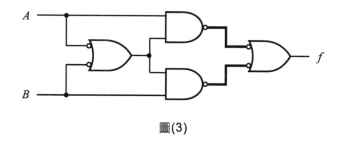

圖(3)

⑶重新整理，以方便寫出各閘輸出端的布林函數。

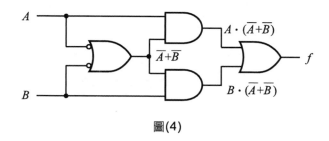

圖(4)

⑷輸出端 f 的布林函數為

$$f = A(\overline{A} + \overline{B}) + B(\overline{A} + \overline{B})$$
$$= A \cdot \overline{A} + A \cdot \overline{B} + \overline{A} \cdot B + B \cdot \overline{B}$$
$$= A\overline{B} + \overline{A}B$$
$$= A \oplus B$$

即 XOR(互斥或閘)的組合電路，還記得曾在上一章中出現過嗎？

例題 14

試分析簡化圖(1)的電路，並寫出其輸出布林函數。

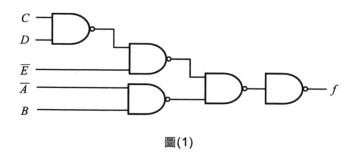

圖(1)

解

簡化的步驟如下：

⑴標出 NAND 閘的層次

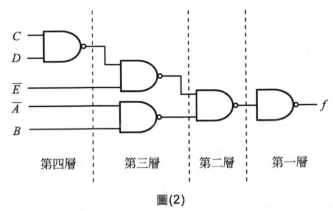

圖(2)

⑵轉換奇數層的 NAND 閘，畫出可相互抵消反相器的線路(以粗黑線表示)。

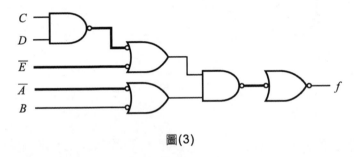

圖(3)

⑶重新整理，以方便寫出各閘輸出端的布林函數。

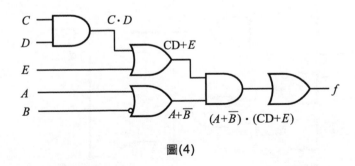

圖(4)

⑷輸出端 f 的布林函數為

$$f = (A + \overline{B}) \cdot (CD + E)$$
$$= (A + \overline{B})(CD + E)$$

多層混合的邏輯閘電路分析

例題 15

試分析簡化圖(1)的電路,並寫出其輸出布林函數。

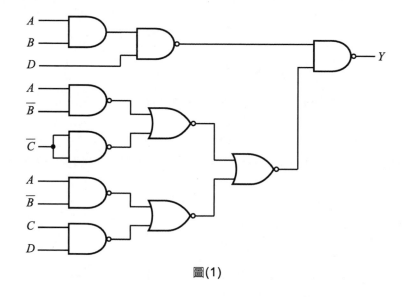

圖(1)

解

(1) 簡化的方法如同前面介紹,由電路最右側的 NAND 閘(第一層)開始向左,利用第摩根定理,將奇數層的邏輯閘作轉變,如圖(2)所示。

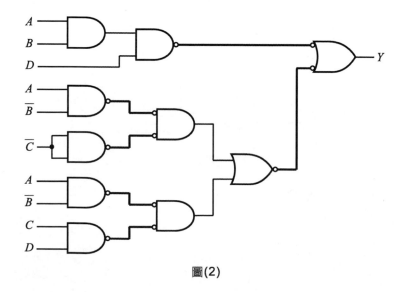

圖(2)

⑵將圖(2)中粗黑線兩端的小圓圈(反相器)相互抵消,簡化後的電路如圖(3)所示,故可獲得電路的輸出布林函數為 $Y = ABD + A\overline{B}\overline{C} + A\overline{B}CD$。

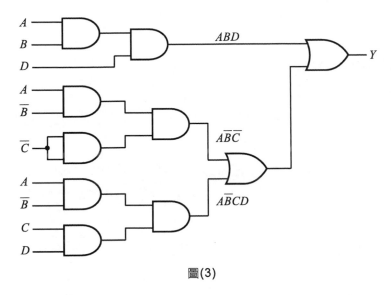

圖(3)

⑶輸出布林函數再經卡諾圖(圖(4)所示) 化簡,可得最簡輸出布林函數為 $Y = AD + A\overline{B}\overline{C}$ 。

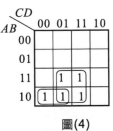

圖(4)

■ 3-9　數位積體電路

積體電路的優點

　　近數十年來,由於科技不斷創新,元件製造技術不斷改良,使得電子元件由早期的真空管、電晶體,發展至今的微電子積體電路(IC, Integrated Circuit);所謂的積體電路(IC)就是在很小的矽(Si)晶片上,製造出電晶體、二極體、電阻及電容等元件,並將各元件做必要的連接,形成一電子電路。相較於傳統電子元件的電路而言,**積體電路具有下列各項優點:**

1. **體積小、耗電量低。**
2. **電路性能可靠，故障率低。**
3. **可高速工作。**
4. **價格低廉。**
5. **外部連接線少，使得應用電路簡單化。**

　　積體電路(IC)大致可分為下列三大類：

1. **類比 IC**：以運算放大器(OPA) 為代表，執行的主要工作有放大、濾波、解調變等工作。
2. **數位IC**：執行處理(含運算)各種數位信號，如微處理器(micro processor)、數位訊號處理器(Digital Signal Processor, DSP) 及微控制器(micro-controller)等。
3. **混合IC**：將類比IC與數位IC製造在同一個晶片，具有類比IC與數位IC的功能，如類比數位轉換器(Analogto Digital Converter, ADC) 與數位類比轉換器(Digital to Analog Converter, DAC)等皆是。

數位積體電路的分類

　　以下就針對數位積體電路(IC)來介紹，數位 IC 大致可依其內部「容量大小」與「電晶體種類」來分類：

一、容量大小

1. **小型積體電路**(Small Scale Integrated circuit, SSI)
   每片晶片(或每顆 IC)的內含元件數少於100個，或其邏輯閘(logic gate)數不超出12個；如內含 AND 閘、OR 閘等各種基本的邏輯閘IC皆屬之。
2. **中型積體電路**(Medium Scale Integrated circuit, MSI)
   每片晶片(或每顆 IC)的內含元件數介於100個至1000個之間，或其邏輯閘數介於12個至100個之間；通常為編碼器、解碼器、多工器、解多工器及計數器等IC。
3. **大型積體電路**(Large Scale Integrated circuit, LSI)
   每片晶片(或每顆 IC)的內含元件數介於1000個至10000個之間，或其邏輯閘數介於100個至1000個之間；通常為早期小容量的記憶體IC及簡單型的微處理器IC。

4. **超大型積體電路**(Very Large Scale Integrated circuit, VLSI)

每片晶片(或每顆 IC)的內含元件數大於 10000 個以上，或其邏輯閘數大於 1000 個以上；如目前常用的電腦主記憶體(DRAM、SRAM)及微處理器均屬之。

5. **特大型積體電路**(Ultra Large Scale Integrated circuit, ULSI)

每片晶片(或每顆IC) 的內含元件數大於 1000000 個以上，或其邏輯閘數大於 100000 個以上；由此可知—ULSI 的容量大於 VLSI 的容量，然而，仍有甚多學者將ULSI，以 VLSI 稱之，因為VLSI 與ULSI 的分界並不是很明確。目前常用的微處理器均屬之。

二、電晶體種類

目前常用的數位積體電路(IC) 約可分為 **TTL** (Transistor Transistor Logic，電晶體電晶體邏輯)與 **CMOS** (Complementary Metal Oxide Semiconductor，互補金屬氧化物半導體)邏輯兩種。

1. TTL：TTL IC 是由雙極性接面電晶體(BJT, Bipolar Junction Transistor)所組成的[註]，自美國德州儀器公司(TI, Texas Instruments)在 1964 年發展出來後，便廣泛地應用日常生活中。TTL 的 IC 由於發展較早，且種類、包裝齊全，所以應用甚廣，不過已逐漸被 CMOS 的 IC 所取代。

2. CMOS：CMOS IC 是由單極性的 MOSFET(簡稱為金氧半場效電晶體)所組成的，自美國無線電公司(RCA, Radio Company of America)在 1967 年發表以來，CD 40 系列的 CMOS IC 就已廣泛應用於各種電子產品中，且已逐漸取代 TTL IC。CMOS IC 具有超低的消耗功率[註]，所以在製作 VLSI(超大型積體電路)，甚至 ULSI (特大型積體電路)上，幾乎已是唯一的選擇。

註：
1. 雙極性(bipolar)是指電路內部電晶體的電流有電子與電洞兩種，而單極性(unipolar)則是電路內部電晶體的電流僅有電子或電洞其中一種。
2. 在靜態(輸出處於穩定狀態)時，幾乎不消耗功率(以nw為單位)而在動態時(輸出處於轉換狀態)時，才會消耗功率。

常見數位 IC 的包裝

DIP型
(Dual In-line Package)

兩排接腳並列的包裝，是早期SSI、MSI最常用的包裝型式，但由於使用在印刷電路板(PCB, Printed Circuit Board)上，必須將PCB打洞穿孔，方能連接其他元件，且只能應用於單層或雙層的PCB上，故在日趨複雜的電路上，已逐漸淘汰了。

DIP 型 IC

PCB 上的 DIP 型 IC

PLCC型
(Plastic Leaded Chip Carrier)

此型IC 的接腳導線(leads)向內彎，呈現J 型為其最大特色；由於可應用於目前流行的表面黏著技術(SMT, Surface Mount Technology)，也就是只將IC 銲於PCB 的表面銅膜上，而不用將PCB 打洞穿孔，故常使用於多層PCB 上的複雜電路中。

PCB 上的 PLCC 型 IC

SOIC型
(Small Outline Integrated Circuit)

此型IC 亦應用於表面黏著技術；由於其接腳導線的間距可以更小，故應用於PCB 時，可以使PCB 的面積減少50 %以上(相較於以DIP 型為元件的印刷電路板)。

PCB 上的 SOIC 型 IC

QFP型(Quad Flat Package)
與TQFP型(ThinQFP)

其接腳與SOIC 類似，但不同的是IC 的四週皆有接
腳，且其厚度更薄，以TQFP 為例，其厚度只有
1mm 或1.4mm 而已；由於能更有效地節省PCB 的
面積(相同的接腳數情況下，只有PLCC 型IC 的一半
大小)，所以常應用於高容量的IC 包裝，如：
① CPLD(ComplexProgrammable Logic Device)、
② FPGA(Field Programmable Gate Array)、
③ ASIC(Application Specific Integrated Circuit)
　 等IC(註1)。

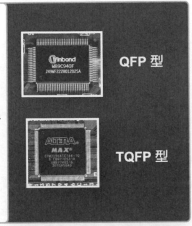

QFP 型

TQFP 型

PGA型
(Pin Grid Array)

此型IC 的接腳導線有如針狀的柵欄陣列般，常應用
於眾多接腳的IC，如Intel 的80386、80486、
Pentium、Celeron 及AMD 的K8、K9系列的CPU
均是此種包裝。

IC 之俯視圖

IC 之底視圖

BGA型
(Ball Grid Array)

就外觀而言，BGA 型的IC 很像PGA 型的IC，但不同
的是BGA 的IC 應用於表面黏著技術，且以圓形的錫
球(solder balls)取代一般的金屬接腳。由於錫球提供
更多的接觸點，故具有較佳的電氣與熱方面的性能；
其缺點則為較不耐高溫與機械應力較差，所以不適合
應用於航空工業上。在相同的接腳數下，BGA 型的
IC 較PLCC 型的IC 節省超過80 %的面積。

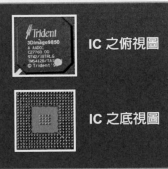

IC 之俯視圖

IC 之底視圖

LGA型
(Land Grid Array)

此型的IC 接腳排列方式與BGA 型的IC 雷同，不同
之處在於LGA 型的IC 沒有錫球，而且增加覆晶(flip
chip)封裝技術(底視圖中的SMT 元件，註2)，該技
術可降低IC 的封裝成本（改善產品的良率，尤其是
在金價原料成本增加之際，顯得更形重要）；LGA
型的IC 封裝較能符合產品輕薄化的設計趨勢，且適
用於接腳數較高的IC。目前常見的桌上型CPU(如
Intel i7、i9)及一些高速繪圖晶片等均是此種包裝。

IC 之俯視圖

IC 之底視圖

一、選擇題

_____ 1. 如圖(1)所示,輸出 Y 為 0 之情
況共有 (A)1 (B)3 (C)4
(D)7 種。

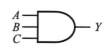

圖(1)

_____ 2. 四輸入 NOR 閘其輸出為 0 的情況共有幾種?

(A)1 (B)4 (C)8 (D)15。

_____ 3. 當二個輸入端全為 0 或全為 1 輸入時,輸出才為 1 的邏輯閘是:

(A)或閘 (B)及閘 (C)反或閘 (D)反互斥或閘。

_____ 4. 下列四個邏輯閘表示圖中,何者為正確?

(A) 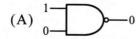   (B)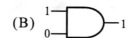

(C) 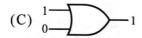   (D) 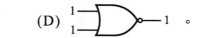 。

_____ 5. 下列那一個可以通過計數脈波?

(A) 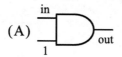   (B)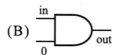

(C) 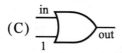   (D)  。

_____ 6. 對一個 n-input XOR 閘,下列敘述何者正確? (A)輸入為偶數個 0,
則輸出就為 0 (B)輸入為偶數個 0,則輸出就為 1 (C)輸入為奇數個
1,則輸出就為 1 (D)輸入為奇數個 1,則輸出就為 0。

____7. 欲用 NAND 或 NOR 閘組成反相器(NOT gate)，下列何種接法是錯誤的？

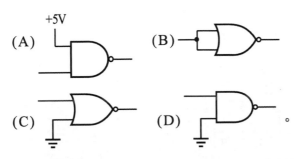

(A) 　　　(B)

(C) 　　　(D) 　　。

____8. 若邏輯閘 XOR 兩輸入端分別送入二列 4 位元信號 1100 與 0100，試問 XOR 的輸出結果為何？　(A)1000　(B)1100 (C)1010　(D)0111。

____9. 下列各圖輸入 4 個時序，其輸出何者正確？

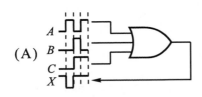

(A)

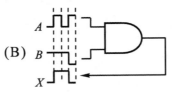

(B)

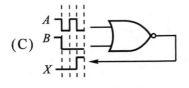

(C)

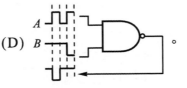

(D) 　　。

____10. 下列何者可以完成如圖(2)所示之功能？

(A)$F(A，B，C)=\Sigma(0，2，4)$

(B)$F(A，B，C)=\Sigma(0，2，4)$

(C)$F(A，B，C)=\Pi(0，1，3，5，7)$

(D)$F(A，B，C)=\Pi(3，7)$。

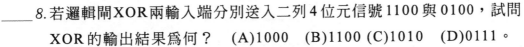

圖(2)

____11. AND 閘，其中 A、B 為輸入，F 為輸出，下列何者可以代表 F 之布林函數？　(A)$A+B$　(B)$F=\overline{\overline{A}+\overline{B}}$　(C)$F=\overline{\overline{A}+\overline{B}}$　(D)$F=\overline{A}+\overline{B}$。

_____12. 某一邏輯閘具有二個輸入 A 與 B，一個輸出 Y，經實驗後量得之輸入與輸出關係如表(1)所示，則此邏輯閘為下列何種功能？

(A)XOR　(B)XNOR　(C)AND　(D)OR。

表(1)

A	B	Y
0	0	1
0	1	0
1	0	0
1	1	1

_____13. 下列何者為第摩根(De Morgan)定律？

(A)$\overline{A \cdot B} = \overline{A} + \overline{B}$ (B)$\overline{\overline{A} \cdot \overline{B}} = A \cdot B$

(C)$\overline{\overline{A + B}} = \overline{A} + \overline{B}$　(D)$\overline{A + B} = \overline{A} \cdot \overline{B}$。

_____14. 如圖(3)所示之電路，Y 的最簡式為

(A)$Y = A$　(B)$Y = B$　(C)$Y = A\overline{B} + \overline{A}B$　(D)$Y = AB + \overline{A}\overline{B}$。

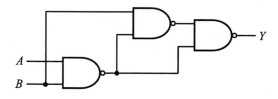

圖(3)

_____15. 如圖(4)所示之電路，Y 的最簡式為

(A)$\overline{A}B + A\overline{B}$　(B)$\overline{A}\overline{B} + AB$　(C)A　(D)B。

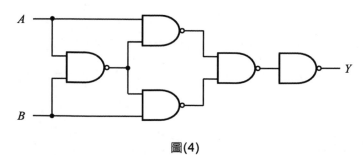

圖(4)

本章習題

_____16.如圖(5)所示之電路，其輸出 Y 為

(A)$A\overline{B} + \overline{A}B$　(B)0　(C)$AB + \overline{A}B$　(D)1。

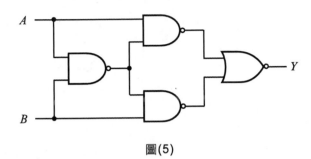

圖(5)

_____17.如圖(6)所示為一邏輯電路，$\overline{A}$、B、C、D及 $\overline{E}$ 為輸入端，F 為輸出

端，則其輸出函數 $F =$

(A) $(A + B)(C + D)E$　(B) $A + B + C(D + E)$

(C)$(A + \overline{B})(CD + E)$　(D)$AB(CD + E)$。

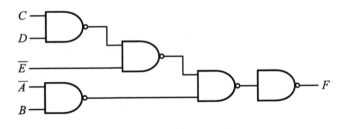

圖(6)

_____18.如圖(7)所示之邏輯電路，輸出 F 與輸入 A、B 的關係可表示為

$F(A，B) =$　(A) $\overline{A} + \overline{B}$　(B) $AB + \overline{A}\overline{B}$　(C) $\overline{A}B + A\overline{B}$　(D) $A + B$。

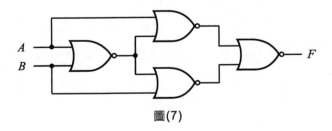

圖(7)

____19.如圖(8)所示之電路，其輸出 Y 為何？

　　　(A) $A + BC$　　(B) $A + B$　　(C) $B + C$　　(D) $AB + C$。

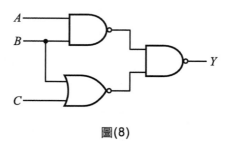

圖(8)

____20.組合邏輯電路如圖(9)所示，其輸出 F 之表示為

　　　(A) $F = AC + \overline{B}\overline{C} + CD$　　(B) $F = \overline{A}C + \overline{B}C + \overline{C}D$

　　　(C) $F = AC + BC + CD$　　(D) $F = \overline{A}\overline{C} + \overline{B}\overline{C} + CD$。

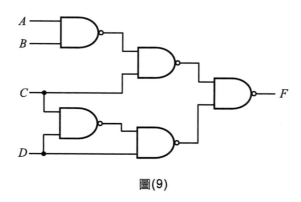

圖(9)

____21.至少需要幾個 2-input 的 NOR 閘才能組成一個 3-input 的 NOR 閘？

　　　(A)二個　　(B)三個　　(C)四個　　(D)五個。

____22.若以兩個輸入端之 NAND 閘來執行兩個輸入端之 NOR 閘的工作，最

　　　少需使用幾個 NAND 閘？　　(A)2 個　　(B)3 個　(C)4 個　　(D)5 個。

_____ 23. 如圖(10)所示電路，若假設電路內
E 點發生故障，固定為 0V，若要
偵測此種故障，維修人員只能由
A、B、C、D 輸入信號，再由 G 點
量測輸出信號，以判斷好壞，請問
下 列 何 種 輸 入 測 試 向 量
(A、B、C、D)可測出 E 點固定為
0V 的故障？　(A)1100　(B)1000
(C)0010　(D)1010。

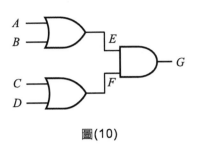

圖(10)

_____ 24. 如圖(11)之邏輯電路的輸出(X，Y)＝(0，0)，則輸入(A，B，C)應為：
(A)(0，0，0)　(B)(0，0，1)　(C)(1，1，0)　(D)(1，1，1)。

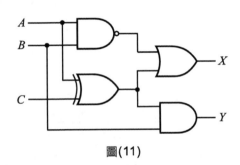

圖(11)

_____ 25. 圖(12)中，方框 X 為一未知之邏輯閘，已知當 A＝B＝C＝D＝1 時，
輸出為 0；當 A＝1、B＝0、C＝1、D＝1 時，輸出為 1，則方框 X
為下列何種邏輯閘？
(A)反及閘(NAND)　(B)或閘(OR)　(C)及閘(AND)　(D)反或閘(NOR)。

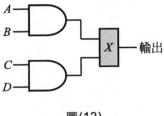

圖(12)

二、問答與繪圖題

1.　n 個輸入端的及閘(AND)，其輸出狀態為邏輯 0 及邏輯 1 的情況，各有幾種？

2.　某一互斥或閘(XOR)共有 5 個輸入端，試問其輸出狀態為邏輯 0 或邏輯 1 的情況，各有幾種？

3.　試完成 3 個輸入端互斥或閘(XOR)的輸入、輸出信號波形時序於圖(13)中。

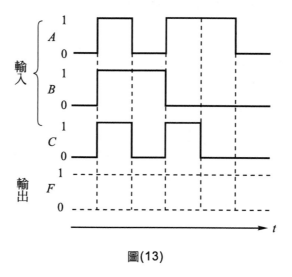

圖(13)

4.　試完成圖(14)、(15)電路之真值表，即表(2)、(3)的輸出端 f 部份；並比較兩電路有否互為等效(功能一樣)？

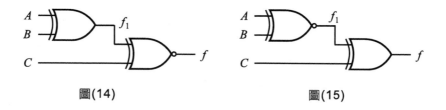

圖(14)　　　　　　　　　圖(15)

表(2)

A	B	f_1	C	f
0	0		0	
0	0		1	
0	1		0	
0	1		1	
1	0		0	
1	0		1	
1	1		0	
1	1		1	

表(3)

A	B	f_1	C	f
0	0		0	
0	0		1	
0	1		0	
0	1		1	
1	0		0	
1	0		1	
1	1		0	
1	1		1	

5. 如圖(16)所示的卡諾圖，經化簡後，相當於何種邏輯閘？試繪出其邏輯閘符號及寫出布林函數。

CD\\AB	00	01	11	10
00	1		1	
01		1		1
11	1		1	
10		1		1

圖(16)

6. 試利用反或閘(NOR)組合完成布林函數 $f = (A + B)(\overline{C} + D)$

7. 試利用反及閘(NAND)組合完成布林函數 $f = AB + BC + AC$。

本章習題

8. 試分別寫出圖(17)、(18)電路的最簡布林式。

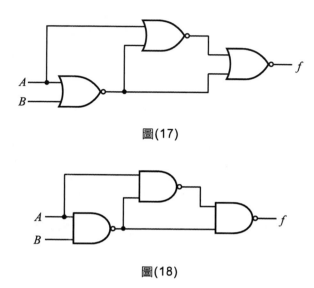

圖(17)

圖(18)

組合邏輯的
設計與應用

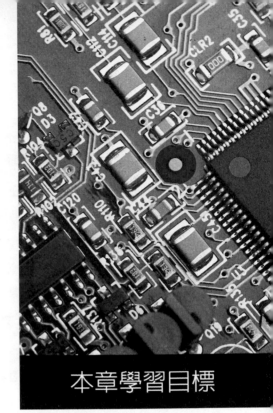

在 前面幾章中，我們學習了布林代數的化簡、基本邏輯閘及第摩根定理等原理與化簡技巧，配合本章組合邏輯的設計步驟，期使讀者能從問題的條件敘述，到設計完成實際的邏輯電路，能有整體的概念與經驗，逐步培養組合邏輯的設計能力。

另外，在本章末介紹正當夯的〝主角〞──可程式邏輯元件，以期能增廣讀者的所見所聞，跟上時代潮流的變化。

- **1.** 根據問題的條件敘述，建立出真值表。

- **2.** 由真值表轉換成布林代數，並與予簡化。

- **3.** 利用簡化後的布林代數轉換成實用的邏輯電路。

- **4.** 熟悉加、減法器的原理及其功用。

- **5.** 瞭解編碼器、解碼器、多工器及解多工器等各種電路的基本原理及其應用的範圍。

- **6.** 可程式邏輯元件(PLD)的種類、特性與應用。

▣ 4-1　組合邏輯電路的基本概念

　　數位邏輯電路中依電路的運作方式，可分為組合邏輯(combination logic)與順序邏輯(sequential logic)兩種。所謂**組合邏輯是由許多邏輯閘所組成的電路；它的輸出可以直接由輸入組合的型式表示出來，而與電路的過去輸入情況無關**；也就是說：組合邏輯的輸出，可用布林函數來描述；輸出的狀況僅與當時輸入的狀態有關。

　　順序邏輯，也稱為時序邏輯或循序邏輯，除了具有組合邏輯電路外，尚含有記憶裝置；它的輸出除了與當時的輸入有關外，還受記憶裝置所處的狀態影響；而記憶裝置的狀態，則是由先前輸入的狀態所決定；換句話說：順序邏輯的輸出，不僅由目前輸入的狀態決定，還受到時間因素的影響；由於此部份並不在本章的範圍內，故僅此簡單說明，下一章中將作詳細的介紹。

　　如圖 4-1 所示為組合邏輯電路的方塊圖，係將 n 個輸入端的二進制資料，轉變成所需要的邏輯信號輸出。由於有 n 個輸入的變數，所以有 2^n 種輸入的組合；對每一種輸入的組合，則僅有一種相對的輸出組合。

圖 4-1　組合邏輯電路方塊圖

　　組合邏輯電路的每個輸入變數，可能以 1 條線或為 2 條線來表示；當每個輸入變數只有 1 條線時，代表此變數為一般型式或為補數型式；若為補數輸入，則須用一反相器，以供給變數的補數輸入。另外，當每個輸入變數都有 2 條線時，就可以供給一般形式與補數形式兩種輸入線路，不須再用反相器，如圖 4-2 所示即 1 條線與 2 條線的輸入變數情形，而此種畫法則常應用於多個輸出端的組合電路。

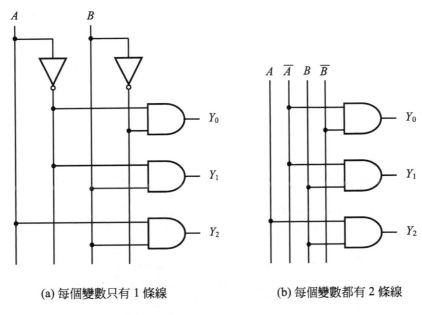

(a) 每個變數只有 1 條線　　　　　　　(b) 每個變數都有 2 條線

圖 4-2　多輸出端的組合電路常用畫法

▣ 4-2　組合邏輯的設計步驟

　　組合邏輯的設計通常都是從問題的文字描述開始，直到獲得邏輯電路圖為止；此一過程包含下列幾項步驟。

1.　敘述或說明問題的內容。
2.　決定輸入變數與輸出變數的個數，並給予各變數一個符號(英文字母)，以便於區別。
3.　依據輸入與輸出之間的關係，列出真值表。
4.　由真值表，求得輸出的布林函數，並將之簡化。
5.　依簡化後的輸出布林函數，畫出邏輯電路圖。

　　其實，上述的各項步驟，我們在前幾章中，均已大致學習過了，所欠缺的，只是沒有完整而連貫的演練而已，故以下的例題，將使讀者有連貫且完整的概念，以求往後能有基礎的設計能力。

例題 1

試設計一個三人用的表決電路，設該表決電路只有在多數人贊成的情況下，才會輸出 1 的信號，表示表決通過；反之，輸出 0 的信號，則表示表決不通過。

解

(1)敘述或說明問題的內容：如例題所敘述。

(2)依題意，設有三個輸入端，分別為 A、B、C，及一個輸出端 Y。

(3)輸入以 1 代表贊成，0 代表反對；輸出只有在多數人贊成才為 1，否則為 0，根據此原則，列出的真值表如下：

表(1)

列數	輸入			輸出
	A	B	C	Y
0	0	0	0	0
1	0	0	1	0
2	0	1	0	0
3	0	1	1	1
4	1	0	0	0
5	1	0	1	1
6	1	1	0	1
7	1	1	1	1

(4)由真值表可得 $Y(A，B，C) = \Sigma(3，5，6，7)$，經卡諾圖化簡後的最簡式為

$$Y(A，B，C) = AB + BC + AC$$

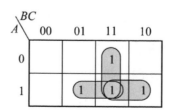

(5)依 $Y(A，B，C) = AB + BC + AC$ 的布林函數，設計出的邏輯電路如下：

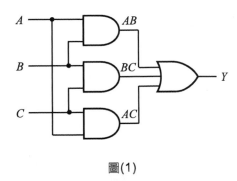

圖(1)

但由於電路使用二種邏輯閘，為求方便與統一，故常常改為由萬用閘(NAND
閘)所組成的電路，變更後的電路如下：

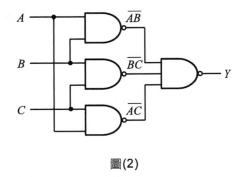

圖(2)

當然了，亦可由卡諾圖中，取得該電路的最簡 POS 式，而設計出由萬用閘
(NOR 閘)所組成的電路，即

$Y(A，B，C) = \pi(0，1，2，4)$，經卡諾圖化簡後的最簡式為

$Y(A，B，C) = (A + B)(B + C)(A + C)$

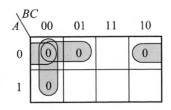

所以最後設計完成的電路如下：

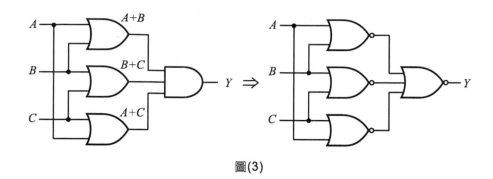

圖(3)

例題 2

試設計一BCD碼偵錯電路，只要是非BCD碼的信號輸入時，電路的輸出即為1，表示該輸入信號非BCD碼。

解

(1)敘述或說明問題的內容：如例題所敘述。

(2)由於一組 BCD 碼有 4 bit，亦即有 4 個輸入變數，分別設為 B_3、B_2、B_1 及 B_0，而輸出則設為 Y。

(3)非 BCD 碼的信號，即 1010、1011、1100、1101、1110 及 1111 共六個信號，所以列出的真值表如表(1)所示。

(4)由真值表可得

$Y(B_3，B_2，B_1，B_0)=\Sigma(10，11，12，13，14，15)$，經卡諾圖簡化後的最簡式為

$Y(B_3，B_2，B_1，B_0)=B_3B_2+B_3B_1$

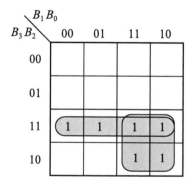

表(1)

列數	輸入				輸出
0	0	0	0	0	0
1	0	0	0	1	0
2	0	0	1	0	0
3	0	0	1	1	0
4	0	1	0	0	0
5	0	1	0	1	0
6	0	1	1	0	0
7	0	1	1	1	0
8	1	0	0	0	0
9	1	0	0	1	0
10	1	0	1	0	1
11	1	0	1	1	1
12	1	1	0	0	1
13	1	1	0	1	1
14	1	1	1	0	1
15	1	1	1	1	1

（BCD 碼：列 0～9，非 BCD 碼：列 10～15）

(5)依 $Y(B_3，B_2，B_1，B_0)＝B_3B_2＋B_3B_1＝B_3(B_2＋B_1)$，設計出的邏輯電路如下：

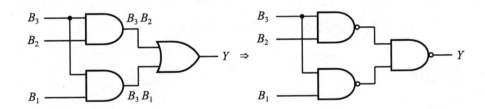

或

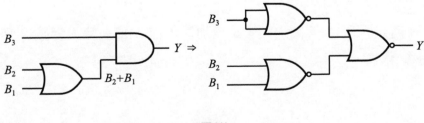

圖(1)

　　學習到此，有否覺得組合邏輯電路的設計十分有意思，而且非常實用哦！只要針對問題所在，詳細分析，理出其輸入、輸出間的關係，而後依此列出真值表，再應用所學(布林代數的假說、基本定理及卡諾圖)由真值表得到最簡的布林函數，如此便可設計出實用且簡潔的數位邏輯電路，有點成就感吧！多看、多想、多練習，是設計上得心應手的不二法門哦！

▣ 4-3　加法器

　　雖然計算機可以執行很複雜的運算，但是其最基本的運算，卻是二進位的相加，這種簡單的加法只有4種可能的情況，即

1.　$0 + 0 = 0$
2.　$0 + 1 = 1$
3.　$1 + 0 = 1$
4.　$1 + 1 = 10$

前三種運算的和均為一位數，但當被加數與加數都為1時，兩者之和就變為二位數了；其中權位較高的位元，就稱為進位(carry)。當被加數與加數具有多位元時，這個進位就必須與權位高一位元的相加。若電路只能執行兩個一位元的相加，稱為半加器(HA，Half Adder)；如果電路能執行兩個一位元及前一位元的進位位元(共三個位元)之相加，則稱為全加器(FA，Full Adder)。

4-3-1　半加器

　　由於半加器的定義為：能執行兩個一位元的相加，故該電路需二個輸入變數，即被加數與加數；且由於執行結果會產生和(sum)及進位(carry)，所以也需要二個輸出函數。

　　如表4-1所示，設 A 為被加數，B 為加數，而 S 代表輸入變數 A 與 B 之和，其進位則用 C 代表。

表 4-1　半加器之真值表

輸入		輸出	
A	B	C	S
0	0	0	0
0	1	0	1
1	0	0	1
1	1	1	0

兩個輸出的布林函數，可以直接由真值表求出，即

和$S = \overline{A}B + A\overline{B} = A \oplus B$

進位$C = AB$

所以半加器的電路如圖 4-3(a)所示，而其方塊圖的符號則如圖 4-3(b)所示。

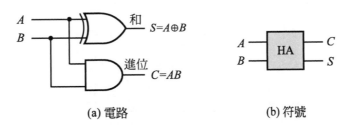

(a) 電路　　　　　　　　　(b) 符號

圖 4-3　半加器

4-3-2　全加器

由於全加器的定義為：能執行三個一位元的相加，所以該電路具有三個輸入變數，即被加數、加數與從前一級加法器送來的進位；而輸出仍為二個函數，即三者相加之和及進位。

如表 4-2 所示，設 A_i 為被加數，B_i 為加數，C_{i-1} 為前一級的進位；S_o 為和，C_o 為進位。

表 4-2　全加器之真值表

列數	輸入			輸出	
	A_i	B_i	C_{i-1}	C_o	S_o
0	0	0	0	0	0
1	0	0	1	0	1
2	0	1	0	0	1
3	0	1	1	1	0
4	1	0	0	0	1
5	1	0	1	1	0
6	1	1	0	1	0
7	1	1	1	1	1

由全加器的真值表，分別得到輸出的布林函數如下：

和的函數

由於和(S_i)的卡諾圖，為一特殊的狀況，如圖 4-4 所示，無法消去任何變數，故改採用提出公因式的方法化簡。

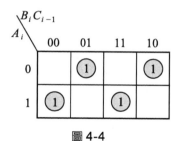

圖 4-4

$$S_o(A_i，B_i，C_{i-1}) = \Sigma(1，2，4，7)$$
$$= \overline{A_i}\,\overline{B_i}\,C_{i-1} + \overline{A_i}\,B_i\,\overline{C_{i-1}} + A_i\,\overline{B_i}\,\overline{C_{i-1}} + A_i\,B_i\,C_{i-1}$$
$$= \overline{A_i}(\overline{B_i}\,C_{i-1} + B_i\,\overline{C_{i-1}}) + A_i(\overline{B_i}\,\overline{C_{i-1}} + B_i\,C_{i-1})$$
$$= \overline{A_i}(B_i \oplus C_{i-1}) + A_i(\overline{B_i \oplus C_{i-1}})$$
$$= A_i \oplus (B_i \oplus C_{i-1})$$
$$= A_i \oplus B_i \oplus C_{i-1}$$

進位的函數

如圖 4-5 所示為進位(C_i)的卡諾圖，所以 C_i 的布林式為

$$C_o(A_i，B_i，C_{i-1}) = \Sigma(3，5，6，7)$$
$$= A_iB_i + B_iC_{i-1} + A_iC_{i-1}$$

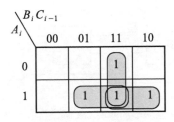

圖 4-5　進位的卡諾圖

所以全加器的電路如圖 4-6(a)所示，而其方塊圖的符號則如圖 4-6(b)所示。

如圖 4-7(a)所示，為一個由基本邏輯閘組合而成的全加器，然而全加器亦可由兩個半加器與一個 OR 閘組合而成，如圖 4-7(b)所示。

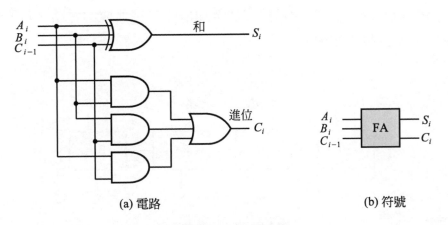

(a) 電路　　　　　　　　　　　　(b) 符號

圖 4-6　全加器

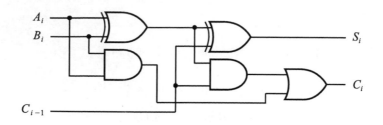

(a) 基本閘組合的全加器

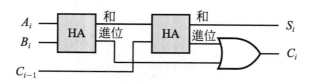

(b) 二個半加器與 OR 閘組合的全加器

圖 4-7　全加器

4-3-3　並加器

全加器很少單獨使用，通常係將多個全加器並列以串接方式連接成**並加器 (parallel adder)**，如圖 4-8 所示為四個全加器所串接而成的電路，可直接執行兩個四位元的二進位數之相加。

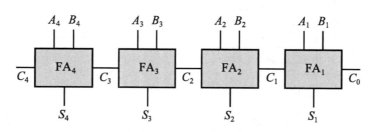

圖 4-8　四位元的並加器

至於四位元的並加器要如何應用呢？以下為其動作狀況的說明：

1. 設有兩個十進位數 13 與 7 要相加，其等值的二進位數分別為 $1101_{(2)}$ 與 $0111_{(2)}$，以人工計算方式如下：

$$
\begin{array}{r}
13_{(10)} \\
+\ 7_{(10)} \\
\hline
20_{(10)}
\end{array}
\Rightarrow
\begin{array}{r}
1101_{(2)} \\
+\ 0111_{(2)} \\
\hline
10100_{(2)}
\end{array}
$$

被加數　$A_4\ A_3\ A_2\ A_1$
加數　　$B_4\ B_3\ B_2\ B_1$
進位及和　$C_4\ S_4\ S_3\ S_2\ S_1$

2. 將上述的等值二進位數分別輸入圖 4-9 所示的並加器電路中，即可執行相加的運算；其中最右邊的全加器(FA_1)係執行兩個二進位數的 LSB 相加，由於沒有更低位元的進位，所以將前一級的進位(C_0)接地(輸入為 0)，故其作用如同半加器。

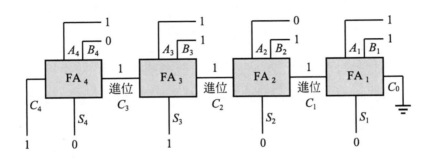

圖 4-9　兩個 4 位元二進位數相加的電路

3. 每個全加器運算的狀況如下：

FA_1：
$$
\begin{array}{r}
A_1 \\
B_1 \\
+\ C_0 \\
\hline
C_1\ S_1
\end{array}
\Rightarrow
\begin{array}{r}
1 \\
1 \\
+\ 0 \\
\hline
10
\end{array}
$$

FA_2：
$$
\begin{array}{r}
A_2 \\
B_2 \\
+\ C_1 \\
\hline
C_2\ S_2
\end{array}
\Rightarrow
\begin{array}{r}
0 \\
1 \\
+\ 1 \\
\hline
10
\end{array}
$$

FA_3：
$$
\begin{array}{r}
A_3 \\
B_3 \\
+\ C_2 \\
\hline
C_3\ S_3
\end{array}
\Rightarrow
\begin{array}{r}
1 \\
1 \\
+\ 1 \\
\hline
11
\end{array}
$$

FA_4：
$$
\begin{array}{r}
A_4 \\
B_4 \\
+\ C_3 \\
\hline
C_4\ S_4
\end{array}
\Rightarrow
\begin{array}{r}
1 \\
0 \\
+\ 1 \\
\hline
10
\end{array}
$$

4. 並加器執行運算的結果爲 $C_4 S_4 S_3 S_2 S_1 = 10100$，與人工計算方式完全相等；所以該電路確能執行兩個 4 位元的二進位數之相加運算。

在制式的 TTL 數位 IC 中，**編號 SN7483 即爲四位元的並加器**，其內部結構如同圖 4-8 所示；但是通常使用一個大方塊圖來代表 7483，如圖 4-10 所示，其中 $\Sigma_4 \Sigma_3 \Sigma_2 \Sigma_1$ 即爲原先介紹的 $S_4 S_3 S_2 S_1$ ($A + B$ 之和)，而其運算的動作如下：

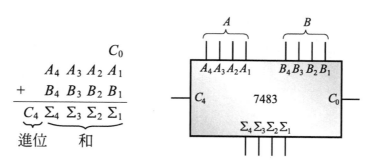

圖 4-10　7483 的方塊圖

另外，若欲組合成爲 8 位元的並加器，只要將兩個 7483 做串接即可；如圖 4-11 所示即爲 8 位元的並加器電路，可執行兩個均爲 8 位元的二進位數相加運算；依此類推，即可輕易組成 n 位元的並加器哦！

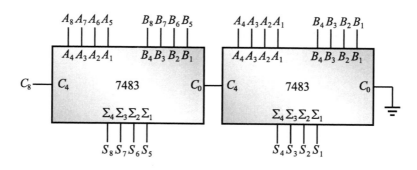

圖 4-11　8 位元的並加器

前瞻進位並加器

如圖 4-12 所示爲 4 位元並加器的執行運算方式，理論上，所有的位元同時執行相加運算，速度應該很快，但事實卻不然，因爲需要經過一個傳遞延遲時間(常以 t_d 或 t_p 表示)後，電路最右側的全加器才會產生正確的 S_0 及 C_1，當 C_1 產生後再經過一個傳遞延遲時間(t_d)後，才會產生正確的 S_1 及 C_2，當 C_2 產生後亦需再經過一個傳遞延遲時間(t_d)後，才會產生正確的S_2及C_3，……，最後直到產生正確的C_3及C_4為止，整個加法的運算才算完成。如果電路為n位元的並加器，則會產生n倍的傳遞延遲時間，如此將嚴重影響電路的執行速度，為了改善此項缺失，前瞻進位(look ahead carry)的觀念被引進至並加器中，當被加數與加數輸入至並加器時，其間的每一個進位(C_4、C_3、C_2、C_1)若可以事先經由另外的電路(前瞻進位產生器)快速產生，如此，即可大大的提升加法器的速度。

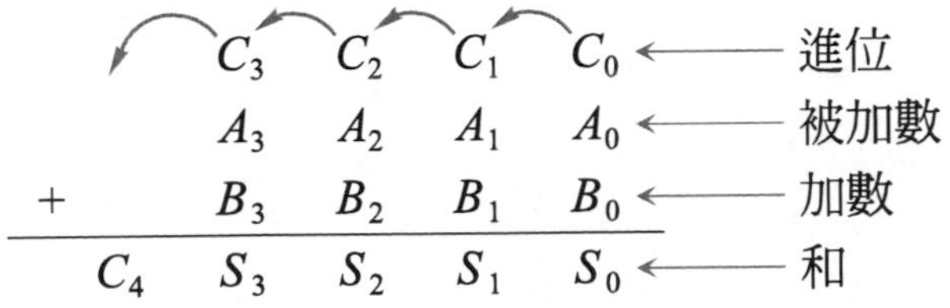

$$C_3 \quad C_2 \quad C_1 \quad C_0 \longleftarrow 進位$$
$$A_3 \quad A_2 \quad A_1 \quad A_0 \longleftarrow 被加數$$
$$+ \quad B_3 \quad B_2 \quad B_1 \quad B_0 \longleftarrow 加數$$
$$\overline{C_4 \quad S_3 \quad S_2 \quad S_1 \quad S_0} \longleftarrow 和$$

圖 4-12　四位元並加器的運算方式

如圖 4-13 所示為由兩個半加器及一個 OR 閘組成的全加器，其中進位產生G_i (carry generate)與進位傳輸P_i (carry propagate)的布林函數進分別為

$$G_i = A_i B_i$$
$$P_i = A_i \oplus B_i$$

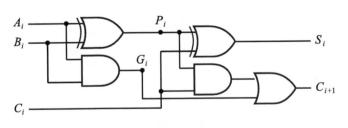

圖 4-13　全加器

依據G_i與P_i兩個布林函數，導出第i位元的和(S_i)與進位(C_{i+1})之輸出布林函數，即

$$S_i = A_i \oplus B_i \oplus C_i = P_i \oplus C_i$$
$$C_{i+1} = A_i B_i + C_i (A_i \oplus B_i) = G_i + P_i C_i$$

只要將i由 0～3 代入，便可獲得 4 位元並加器中每一位元的"和"與"進位"輸出，即各位元的"和"輸出分別為

$$S_0 = A_0 \oplus B_0 \oplus C_0 = P_0 \oplus C_0$$
$$S_1 = A_1 \oplus B_1 \oplus C_1 = P_1 \oplus C_1$$
$$S_2 = A_2 \oplus B_2 \oplus C_2 = P_2 \oplus C_2$$
$$S_3 = A_3 \oplus B_3 \oplus C_3 = P_3 \oplus C_3$$

各位元的"進位"輸出分別為

$$C_1 = G_0 + P_0 C_0$$
$$\begin{aligned} C_2 &= G_1 + P_1 C_1 \\ &= G_1 + P_1(G_0 + P_0 C_0) \\ &= G_1 + P_1 G_0 + P_1 P_0 C_0 \end{aligned}$$
$$\begin{aligned} C_3 &= G_2 + P_2 C_2 \\ &= G_2 + P_2(G_1 + P_1 G_0 + P_1 P_0 C_0) \\ &= G_2 + P_2 G_1 + P_2 P_1 G_0 + P_2 P_1 P_0 C_0 \end{aligned}$$
$$\begin{aligned} C_4 &= G_3 + P_3 C_3 \\ &= G_3 + P_3(G_2 + P_2 G_1 + P_2 P_1 G_0 + P_2 P_1 P_0 C_0) \\ &= G_3 + P_3 G_2 + P_3 P_2 G_1 + P_3 P_2 P_1 G_0 + P_3 P_2 P_1 P_0 C_0 \end{aligned}$$

如圖 4-14 所示為前瞻進位產生器的電路與方塊圖；若將負責產生 $G_0 P_0$、$G_1 P_1$、$G_2 P_2$、$G_3 P_3$ 的半加器也加入電路中，並將 P_0、P_1、P_2、P_3 與每一級進位 C_0、C_1、C_2、C_3 互作 XOR 作用，就形成一個具有前瞻進位的並加器，如圖 4-15 所示。

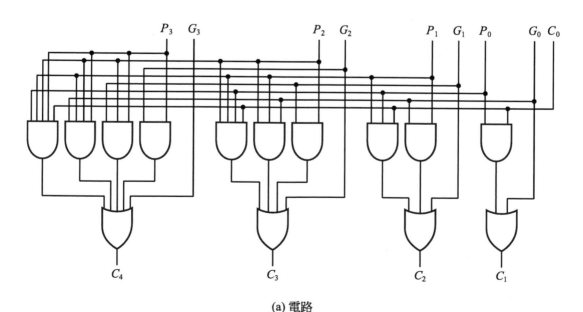

(a) 電路

圖 4-14 前瞻進位產生器

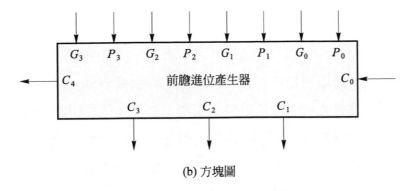

(b) 方塊圖

圖 4-14　前瞻進位產生器(續)

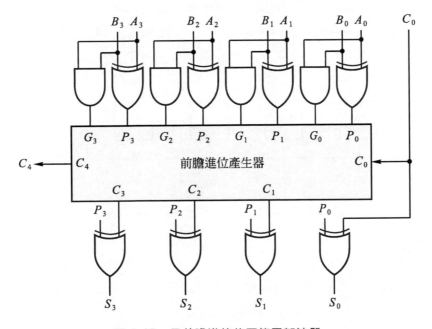

圖 4-15　具前瞻進位的四位元加法器

編號 7483A 或 74LS_583A 的 IC，由於內部具有前瞻進位電路，所以其執行運算的速度約為編號 74LS_83 的 3～4 倍；而編號 74182 的 IC 則為前瞻進位產生器。

4-4　減法器

在數位電路中，執行減法的運算通常都是採用取補數的方式來表示減數，也就是說，先將減數取其補數後，再與被減數相加，而獲得兩數的差；如此，即可省去另外再設計一減法器的電路，而直接使用加法器來做加／減法的運算來得方便簡單。

4-4-1　1 的補數減法電路

　　有關1的補數表示法、表示範圍及其運算方式，可參考第一章的1-6-3節的內容；以下的例題，便是印證其例題26與例題27的運算方式。

　　如圖4-16所示為四位元1的補數減法電路；其中4個反相器作用為：將減數取其 1 的補數(即反相)，成為 $\overline{B_4}\,\overline{B_3}\,\overline{B_2}\,\overline{B_1}$。然後利用全加器進行加法作用，即 $A_4A_3A_2A_1 + \overline{B_4}\,\overline{B_3}\,\overline{B_2}\,\overline{B_1}$ (相當於做$A - B$的運算)；若C_4進位端有進位，則再執行端迴進位(EAC，End Around Carry)的動作。

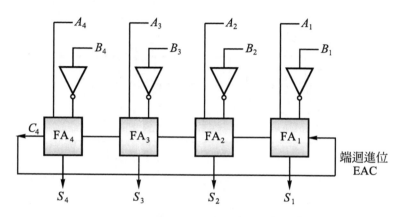

圖 4-16　四位元 1 的補數減法電路

例題 3

(印證 1-6-3 節的例題 26，請參考 1-22 頁)

$5_{(10)} - 3_{(10)} = 0101_{(2)} - 0011_{(2)} = 0010_{(2)} = + 2_{(10)}$

執行運算的方式：(以圖4-12為例)

1.　減數 $B_4B_3B_2B_1 = 0011_{(2)}$ 經反相器後，變成 $\overline{B_4}\,\overline{B_3}\,\overline{B_2}\,\overline{B_1} = 1100_{(2)}$，相當於取其1的補數。

2.　被減數與減數的1補數執行加法運算，即

$$
\begin{array}{c}
\quad A_4\ A_3\ A_2\ A_1 \\
+)\ \ \overline{B_4}\ \overline{B_3}\ \overline{B_2}\ \overline{B_1} \\
\hline
C_4\ S_4\ S_3\ S_2\ S_1
\end{array}
\Rightarrow
\begin{array}{c}
\quad 0101 \\
+)\ 1100 \\
\hline
10001
\end{array}
$$

3. 由於 $C_4 = 1$，故執行端迴進位(EAC)動作，即

$$
\begin{array}{r}
A_4\ A_3\ A_2\ A_1 \\
+)\ \ \overline{B}_4\ \overline{B}_3\ \overline{B}_2\ \overline{B}_1 \\
\hline
C_4\ S_4\ S_3\ S_2\ S_1 \\
+)\ \underline{}\ \longrightarrow\ C_4 \\
\hline
S_4\ S_3\ S_2\ S_1
\end{array}
\qquad \Rightarrow \qquad
\begin{array}{r}
0101 \\
+)\ 1100 \\
\hline
10001 \\
+)\ \longrightarrow 1 \\
\hline
0010
\end{array}
$$

4. 運算結果為 $S_4 S_3 S_2 S_1 = 0010_{(2)}$，由於其 MSB $= 0$，表示運算結果為正數，即 $+ 2_{(10)}$。

例題 4

(印證 1-6-3 節的例題 27，請參考 1-22 頁)

$2_{(10)} - 6_{(10)} = 0010_{(2)} - 0110_{(2)} = 1011_{(2)} = - 4_{(10)}$

執行運算的方式：(以圖 4-16 為例)

1. 減數 $0110_{(2)}$ 經反相器後，變成 $1001_{(2)}$。
2. 被減數與減數的 1 補數執行加法運算，即

$$
\begin{array}{r}
A_4\ A_3\ A_2\ A_1 \\
+)\ \ \overline{B}_4\ \overline{B}_3\ \overline{B}_2\ \overline{B}_1 \\
\hline
C_4\ S_4\ S_3\ S_2\ S_1
\end{array}
\qquad \Rightarrow \qquad
\begin{array}{r}
0010 \\
+)\ 1001 \\
\hline
01011
\end{array}
$$

3. 由於 $C_4 = 0$，故不用執行 EAC 動作。
4. 運算結果為 $S_4 S_3 S_2 S_1 = 1011_{(2)}$，由於其 MSB $= 1$，表示運算結果為負數，故再取一次 1 的補數得 $0100_{(2)} = + 4_{(10)}$，所以得知執行結果 $1011_{(2)}$ 表示為 $- 4_{(10)}$。

　　將圖 4-16 稍加修改，利用 XOR 閘的特性，即可輕易完成 1 的補數加／減法電路，如圖 4-17 所示之電路。

當 SUB $= 0$ 時，作加法器使用，執行 $A_4 A_3 A_2 A_1 + B_4 B_3 B_2 B_1$ 運算作用。
當 SUB $= 1$ 時，作減法器使用，執行 $A_4 A_3 A_2 A_1 - B_4 B_3 B_2 B_1$ 運算作用。

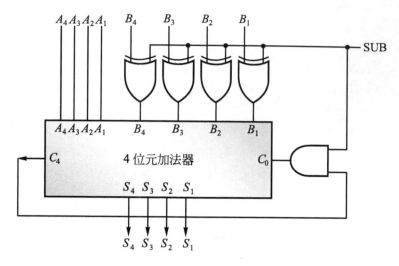

圖 4-17　四位元 1 的補數加／減法電路

4-4-2　2 的補數減法電路

有關 2 的補數表示法、表示範圍及其運算方式，仍請參考第一章的 1-6-3 節的內容；在此只印證其例題 28 與例題 29 的運算過程。

如圖 4-18 所示為四位元 2 的補數加／減法電路，該電路與圖 4-17 不同處在於作減法時，使用 2 的補數方式(當 SUB ＝ 1 時，經 XOR 閘，取得減數的 1 的補數 $\overline{B_4}\,\overline{B_3}\,\overline{B_2}\,\overline{B_1}$；且由於 SUB ＝ 1 ＝ C_0，所以在最右邊的全加器產生加 1 的動作，形成取得減數的 2 的補數，即 $\overline{B_4}\,\overline{B_2}\,\overline{B_2}\,\overline{B_1}$ ＋ 1)。因為採用 2 的補數方式作減法，所以不論 C_4 進位端為何，都捨去不用；由於電路較為簡單，這也是一般的計算機均採用此種方式的主要原因。

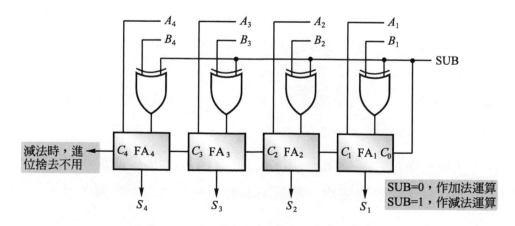

圖 4-18　四位元 2 的補數加／減法電路

例題 5

(印證 1-6-3 節的例題 28，請參考 1-24 頁)

$5_{(10)} - 3_{(10)} = 0101_{(2)} - 0011_{(2)} = 0010_{(2)} = + 2_{(10)}$

解

執行運算的方式：(以圖 4-18 為例)

1.　當 SUB 控制端為 1 時，該電路執行減法運算，減數經由 XOR 閘作用，變成 $\overline{B_4}\,\overline{B_3}\,\overline{B_2}\,\overline{B_1} = 1100_{(2)}$。

2.　由於 SUB = 1，所以被減數與減數之 1 的補數及 C_0 ($C_0 = $ SUB $= 1$) 三者執行加法運算，即

$$
\begin{array}{r}
C_0 \\
A_4\ A_3\ A_2\ A_1 \\
+)\ \overline{B_4}\ \overline{B_3}\ \overline{B_2}\ \overline{B_1} \\
\hline
C_4\ S_4\ S_3\ S_2\ S_1
\end{array}
\quad \Rightarrow \quad
\begin{array}{r}
1 \\
0101 \\
+)\ 1100 \\
\hline
10010
\end{array}
$$

3.　不論 C_4 進位端為何，均捨去；而 $S_4 S_3 S_2 S_1 = 0010_{(2)}$，由於 MSB $= 0$，表示運算結果為正數，即 $+ 2_{(10)}$。

例題 6

(印證 1-6-3 節的例題 29，請參考 1-24 頁)

$2_{(10)} - 6_{(10)} = 0010_{(2)} - 0110_{(2)} = 1100_{(2)} = - 4_{(10)}$

解

執行運算的方式：(以圖 4-18 為例)

1.　當 SUB 控制端為 1 時，減數 $0110_{(2)}$ 變成 $1001_{(2)}$。

2.　由於 SUB = 1，所以被減數與減數之 1 的補數及 C_0 ($C_0 = $ SUB $= 1$) 三者執行加法運算，即

$$
\begin{array}{r}
C_0 \\
A_4\ A_3\ A_2\ A_1 \\
+)\ \overline{B_4}\ \overline{B_3}\ \overline{B_2}\ \overline{B_1} \\
\hline
C_4\ S_4\ S_3\ S_2\ S_1
\end{array}
\quad
\begin{array}{r}
1 \\
0010 \\
+)\ 1001 \\
\hline
01100
\end{array}
$$

3.　不論 C_4 進位端為何，均捨去；而 $S_4S_3S_2S_1 = 1100_{(2)}$，由於 MSB $= 1$，表示運算結果為負數，故再取一次 2 的補數得 $0100_{(2)} = +4_{(10)}$，所以得知執行結果 $1100_{(2)}$ 表示為 $-4_{(10)}$。

. . . .

如圖 4-19 所示為應用 2 顆 7486 (內含 4 個 XOR 閘) 的 IC 及 2 顆 7483 (4 位元並加器) 的 IC，組合完成八位元 2 的補數加／減法電路。

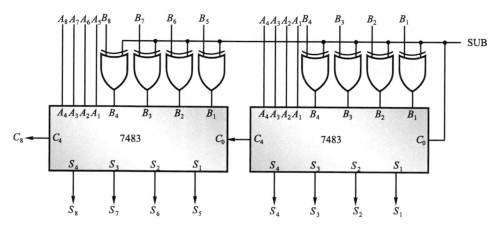

圖 4-19　八位元 2 的補數加／減法電路

■ 4-5　乘法器

2bit × 2bit乘法器

設有兩個 2 位元的二進位數 A 與 B 作乘法運算，其積為 4 位元的二進位數，其運算情況如下：

$$
\begin{array}{ccccc}
& & A_1 & A_0 & \longleftarrow \text{被乘數} \\
\times & & B_1 & B_0 & \longleftarrow \text{乘數} \\
\hline
& & A_1B_0 & A_0B_0 & \\
+ & A_1B_1 & A_0B_1 & & \\
\hline
P_3 & P_2 & P_1 & P_0 & \longleftarrow \text{乘積}
\end{array}
$$

其中

P_0輸出端為A_0B_0

P_1輸出端為$A_1B_0 \oplus A_0B_1$，即半加器的和輸出$S = A \oplus B$

P_2輸出端為$A_1B_1 \oplus P_1$輸出的進位位元，其中

　　P_1輸出的進位位元為$A_1B_0 \cdot A_0B_1 = A_1A_0B_1B_0$

P_3輸出端為P_2輸出的進位位元，即$(A_1B_1) \cdot (A_1A_0B_1B_0) = A_1A_0B_1B_0$

由上述運算的分析可知——該電路共需使用 4 個兩輸入的 AND 閘與 2 個半加器，如圖 4-20 所示為 2 位元乘 2 位元的乘法電路。

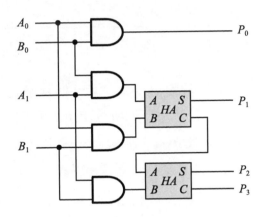

圖 4-20　2bit × 2bit電路

如圖 4-21 所示電路，為使用編號 7483(4 位元的並加器，內含 4 個全加器)的 IC 來取代電路中的半加器，使電路較為簡潔；隨著電路位元數的增多，電路將日益龐大，效果也就愈明顯。

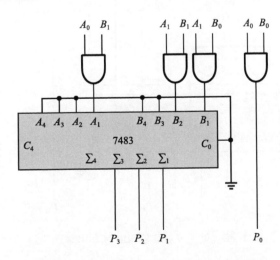

圖 4-21　使用 7483 的2bit × 2bit乘法電路

3bit × 3bit乘法器

設有兩個3位元的二進位數A與B作乘法運算，其積為6位元的二進位數，其運算情況如下：

$$
\begin{array}{ccccccc}
 & & & A_2 & A_1 & A_0 & \longleftarrow \text{被乘數} \\
 & & \times & B_2 & B_1 & B_0 & \longleftarrow \text{乘數} \\
\hline
 & & & A_2B_0 & A_1B_0 & A_0B_0 & \\
 & & A_2B_1 & A_1B_1 & A_0B_1 & & \\
+ & A_2B_2 & A_1B_2 & A_0B_2 & & & \\
\hline
P_5 & P_4 & P_3 & P_2 & P_1 & P_0 & \longleftarrow \text{乘積}
\end{array}
$$

由運算情況的分析可知——該電路共需使用9個兩輸入的 AND 閘與2個三位元並加器，由於沒有制式的3位元並加器，所以使用2顆編號7483的IC，如圖4-22所示即 3×3 位元乘法器的；以此類推，要設計一個4bit × 4bit乘法器應不是什麼難事(共需使用16個兩輸入的 AND 閘與3顆編號7483的IC)。

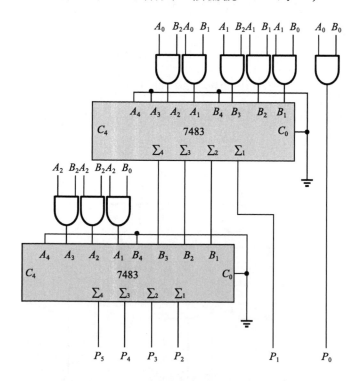

圖 4-22　使用 7483 的3bit × 3bit乘法電路

■ 4-6　解碼器

解碼器(decoder)的功能就是——能將 N 位元輸入信號轉換成 M 條輸出信號，且每條輸出線僅在其相對應的輸入信號組合出現在輸入端時，才會進入激發狀態(activated state)，也就是與其他的輸出端處於不同的狀態。激發狀態可能爲 1 (active high，有時也以 "H" 表示，都表示高態電位的意思)，也可能爲 0 (active low，有時也以 "L" 表示，都表示低態電位的意思)；**若於方塊圖的輸出端上加上一個小圓圈，則表示其激發狀態爲0，否則通常爲1。**

一般解碼器的方塊圖如4-23所示，具有 N 個輸入端及 M 個輸出端；每個輸入信號都有兩種可能的狀態(0 或 1)，所以 N 個輸入端就有 2^N 種輸入組合；也就是說，最多有 2^N 個輸出端，即 $M \le 2^N$。

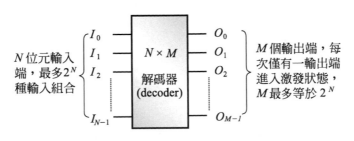

圖 4-23　N 對 M 線解碼器的方塊圖

若每一種輸入的組合皆有其相對應輸出端進入激發狀態的解碼器，稱爲全解碼(full decoder)，即 $M = 2^N$，如三對八線解碼器、四對十六線解碼器等均是。若在某些特定輸入組合下，無任何輸出端進入激發狀態的解碼器，稱爲部份解碼(partial decoder)，即 $M < 2^N$，如BCD對十進位解碼器即是。

4-6-1　二對四線解碼器

2 對 4 線解碼器(2×4 decoder)，顧名思義，它有 2 條輸入線，4 條輸出線，由於 $2^2 = 4$，所以爲一全解碼器，即每一輸入的組合，皆有相對應的輸出端被激發。如表 4-3 所示，在每種輸入的組合下，輸出端只有一個被對應爲1(激發狀態)，其餘的皆爲0。從眞值表中，很容易看出，只有當 $BA = 00$ 時，Y_0 才爲1，其餘的輸入狀態，Y_0 皆爲0；所以 Y_0 至 Y_3 的布林式分別爲 $Y_0 = \overline{B}\,\overline{A}$、$Y_1 = \overline{B} A$、$Y_2 = B \overline{A}$

及 $Y_3 = BA$。由以上的布林式，可輕易地設計出 2 對 4 線解碼器的電路如圖 4-24(a) 所示，而圖 4-24(b)則爲其方塊圖。

表 4-3　2 對 4 線解碼器真值表

輸入		輸出			
B	A	Y_0	Y_1	Y_2	Y_3
0	0	1	0	0	0
0	1	0	1	0	0
1	0	0	0	1	0
1	1	0	0	0	1

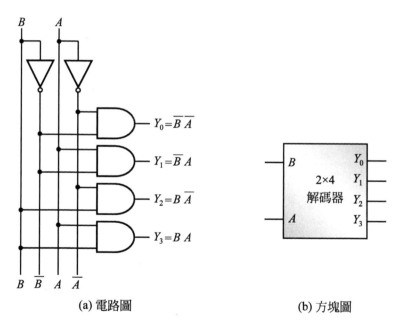

(a) 電路圖　　　　　　　　(b) 方塊圖

圖 4-24　2 對 4 線解碼器

含致能控制端的解碼器

　　多數的解碼器 IC 在設計製作時，常包含一個或多個**致能(enable)輸入端**具有控制整個電路(IC)動作的功能；如圖 4-25 所示爲一個含致能控制端的 2 對 4 線解碼器；當致能輸入端 E 爲 1 時，所有的輸出端($Y_0 \cdots Y_3$)均爲 1，表示此時輸出端的狀態與輸入端 B、A 的信號無關；而當致能輸入端 E 爲 0 時，則該電路爲一種具有補數形式輸出的解碼器，其實也就是前面所說的輸出激發狀態為 0(低態輸出)的解碼器，而從真值表中，也可看出上述的情形，即當 $E = 1$ 時，B 與 A 均為不考慮的(don't care)狀態，只有在 $E = 0$ 時，該電路才有解碼的作用，且輸出為低態("0")激發。

　　由圖 4-25(c)的方塊圖中可以得知：致能輸入端 E 處的小圓圈表示 $E = 0$時，才允許使用該解碼器(致能)，若 $E = 1$ 時，該解碼器不能動作；而輸出端($Y_0 \cdots Y_3$)處的小圓圈，則表示所有的輸出是補數形式的(即低態激發動作)。

　　利用致能輸入端可以很容易將多個解碼器(往後的編碼器、多工器及解多工器都是)組合在一起，形成較大的解碼器電路；如圖 4-26 所示為二個具有致能輸入端的 2×4 解碼器組合成一個 3×8 解碼器。當 $A_2 = 0$ 時，只有上面的解碼器致能動作，反之，當 $A_2 = 1$ 時，只有下面的解碼器致能動作；例如，若 $A_2 A_1 A_0 = 010$ 時，只有 D_2 被激發輸出為 0，其餘均輸出為 1；若 $A_2 A_1 A_0 = 111$ 時，則只有 D_7 被激發輸出為 0，其餘均輸出為 1。

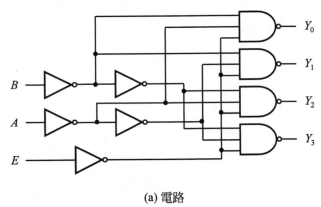

(a) 電路

輸入		輸出			
致能	選擇				
E	B A	Y_0	Y_1	Y_2	Y_3
1	× ×	1	1	1	1
0	0 0	0	1	1	1
0	0 1	1	0	1	1
0	1 0	1	1	0	1
0	1 1	1	1	1	0

(b) 真值表

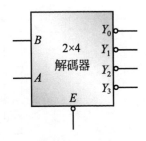

(c) 方塊圖

圖 4-25　具致能輸入端的 2 對 4 線解碼器

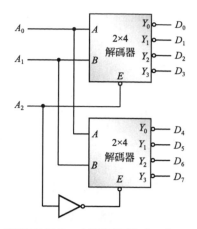

圖4-26 利用二個2×4解碼器構成一個3×8解碼器

4-6-2 三對八線解碼器

編號 **SN74138** 為最常用的三對八線解碼器 **IC**，如圖4-27所示為其電路圖、IC接腳圖及真值表；該IC具有三個致能控制端，分別為G_1、G_{2A}及G_{2B}，當$G_1 G_{2A} G_{2B} = HLL$時，74138的 IC 才能正常工作(致能也)，也才可依輸入選擇端C、B、A 之狀態產生對應的輸出；例如：當$G_1 G_{2A} G_{2B} = HLL$，且$CBA = HLL$時，只有Y_4為低態("L")激發輸出，其餘輸出均為高態("H")，若$G_1 G_{2A} G_{2B}$非HLL的狀態時，則74138不能正常工作，所有的輸出均呈現高態("H")。

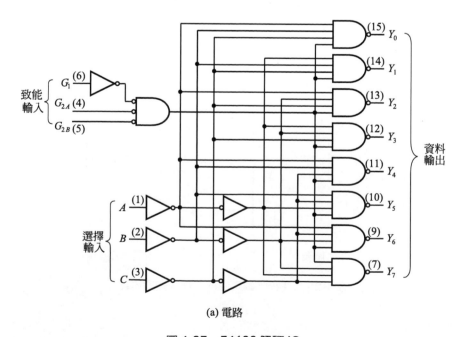

(a) 電路

圖4-27 74138 解碼 IC

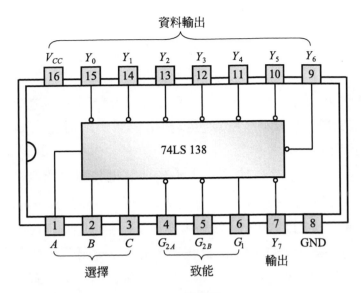

(b) IC 接腳圖

輸入					輸出							
致能		選擇										
G_1	G_2^*	C	B	A	Y_0	Y_1	Y_2	Y_3	Y_4	Y_5	Y_6	Y_7
×	H	×	×	×	H	H	H	H	H	H	H	H
L	×	×	×	×	H	H	H	H	H	H	H	H
H	L	L	L	L	L	H	H	H	H	H	H	H
H	L	L	L	H	H	L	H	H	H	H	H	H
H	L	L	H	L	H	H	L	H	H	H	H	H
H	L	L	H	H	H	H	H	L	H	H	H	H
H	L	H	L	L	H	H	H	H	L	H	H	H
H	L	H	L	H	H	H	H	H	H	L	H	H
H	L	H	H	L	H	H	H	H	H	H	L	H
H	L	H	H	H	H	H	H	H	H	H	H	L

$G_2^* = G_{2A} + G_{2B}$

H：高態，L：低態，×：隨意

(c)眞值表

圖 4-27　74138 解碼 IC(續)

例題 7

試利用一顆解碼器IC及NAND閘製作一個全加器(FA)。

解

解碼器可供應 n 個輸入變數共 2^n 個最小項(標準積項)，而任何布林函數均可用積項之和(SOP 式)表示，所以可以利用一個解碼器產生最小項，再用一個OR閘形成其和。

從全加器的真值表(參考 4-10 頁之表 4-2)，可得其布林函數的數字式為：

$$S_i(A_i，B_i，C_{i-1})=\Sigma(1，2，4，7)$$
$$C_i(A_i，B_i，C_{i-1})=\Sigma(3，5，6，7)$$

由於全加器有三個輸入變數，所以需要3對8線解碼器，此解碼器產生八個最小項，一個OR閘形成最小項 m_1、m_2、m_4、m_7 之和為 S_i 輸出，另一個OR閘則形成最小項 m_3、m_5、m_6、m_7 之和為 C_i 輸出，如圖(1)所示之電路。

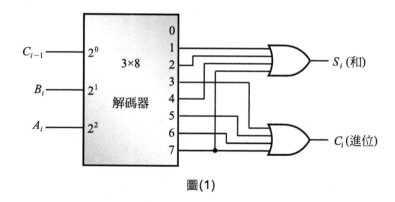

圖(1)

由於74138解碼器為低態激發輸出，所以利用第摩根定理 $\overline{A}+\overline{B}=\overline{AB}$，將OR閘修正為NAND閘，即可完成全加器的功能，如圖(2)所示之電路。

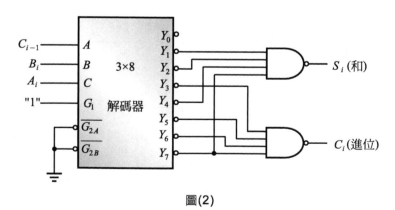

圖(2)

例題 8

試利用兩顆編號 74138 的解碼 IC，組成一個 4x16 的解碼電路。

解

編號 74138 的解碼 IC 為 3 線對 8 線的解碼 IC，如圖(1)所示電路為利用兩顆 74138 的解碼 IC，組成一個 4 線對 16 線的解碼電路。

當輸入選擇端 $D=0$ 時，由於兩顆 IC 的致能輸入端 $G_1 \overline{G_{2A}} \overline{G_{2B}}$ 分別為 100、000，所以只有 U_1 的 IC 致能動作，$Q_0 \sim Q_7$ 依輸入 CBA 的狀態產生相對應的輸出；例如，當 $DCBA=0101$ 時，$Q_0 Q_1 Q_2 Q_3 Q_4 Q_5 Q_6 Q_7 = 11111011$，而 $Q_8 \sim Q_{15}$ 則皆輸出 1。另外，當輸入選擇端 $D=1$ 時，由於兩顆 IC 的致能輸入端 分別為 110、100，所以只有 U_2 的 IC 致能動作，此時 $Q_8 \sim Q_{15}$ 依輸入 CBA 的狀態產生相對應的輸出；例如，當 $DCBA=1010$ 時，$Q_8 Q_9 Q_{10} Q_{11} Q_{12} Q_{13} Q_{14} Q_{15} = 11011111$，而 $Q_0 \sim Q_7$ 則皆輸出 1；故該電路具有 4x16 解碼的功能。

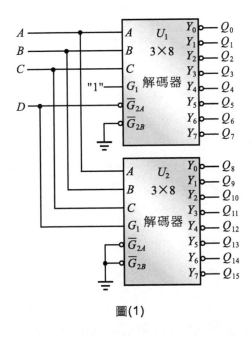

圖(1)

瞭解邏輯電路雖然十分重要，但是往後在較簡易邏輯電路的設計使用上，可能使用現有的 IC 成品居多，所以對 IC 手冊中真值表的閱讀就變得十分重要了，從真值表的輸入、輸出關係，是我們瞭解 IC 功能與使用方法的不二法門。

4-6-3　BCD 對 7 段顯示器的解碼器／驅動器

LED 7 段顯示器

在日常生活中，常使用**7 段顯示器(7 segment display)**來顯示數字，而 7 段顯示器的數字外形常如圖 4-28 所示，每段均為發光物質所構成；一般在電路上常多使用 LED(發光二極體)為材質的 7 段顯示器，而且**可分為共陽極(common anode)與共陰極(common cathode)兩種**，如圖 4-29 所示。所謂的共陽極 7 段顯示器就是將所有 LED 的陽極(P 端)，全部接在一起，成為共同點(common)，而每個 LED 的陰極(N 端)，則分別形成 a、b、c、d、e、f、g 等 7 個端點。所謂的共陰極 7 段顯示器則與共陽極 7 段顯示器的結構相反，即將所有 LED 的陰極端接在一起形成共同點，而每個 LED 的陽極端則形成 a、b、c、d、e、f、g 等 7 個端點。

圖 4-28　七段顯示器

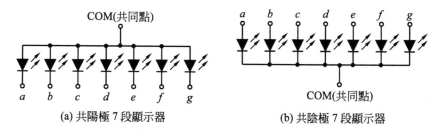

(a) 共陽極 7 段顯示器　　　　(b) 共陰極 7 段顯示器

圖 4-29　LED 7 段顯示器的結構

在使用上，只要控制輸入端(a、b、…g 端)的電壓，使得該段的 LED 順向導通而發亮即可；例如：在共陽極 7 段顯示器的共同點(陽極)加上高電壓(通常為＋5V)，若 a、b、c、…g 中任一端輸入為低電壓(通常接解碼 IC 的輸出)時，該段 LED 就發亮。(註)。共陰極 7 段顯示器的使用方法則剛好相反；即其共同點接 0V，若 a、b、c…g 中任一端輸入為高電壓(通常亦為解碼 IC 的輸出)時，該段 LED 就發亮。

註：通常 a、b、c…g 等輸入端均先接上限流電阻後，再接上解碼器 IC，以避免電流過大，燒毀解碼器 IC 或 7 段顯示器；而限流電阻常用 220Ω 或 330Ω。

例題 9

某一7段顯示器，若只有 a、c、d、f、g 等段通電，則會顯示那一字型？

解

由於7段顯示器的代號排列如圖(1)所示；當只有 a、c、d、f、g 字段通電時，則將顯示如圖(2)所示，即出現5的數字。

圖(1)　　　　　　　　　　　　　　　　　　圖(2)

例題 10

若已確定某一共陽極7段顯示器其中的一段已燒毀無法發亮，經測試顯示數字1與2都正常，則該7段顯示器哪一段燒毀？

解

(1)顯示 ┃ 字型，需 b、c 段皆發亮。

(2)顯示 **2** 字型需 a、b、d、e、g 段皆發亮。

(3)7段顯示器中的 a、b、c、d、e、g 皆可發亮，故可推論其 f 段燒毀。

BCD對7段顯示器的解碼器／驅動器IC

此種IC依推動的LED7段顯示器來分，可分為兩大類，一為推動共陽極7段顯示器的IC，如TTL之7446、74246、74247、74347…等，另一則為推動共陰極7段顯示器的IC，如TTL之7448、7449、74248與CMOS之4511等；由於彼此間的差異性都不大，所以，我們就以7447 IC為例，來詳細介紹其功用。

如圖4-30所示為7447解碼IC的接腳圖與真值表，由真值表可知，當7447處於正常的解碼狀態($\overline{LT}=H$、$\overline{RBI}=H$、$\overline{BI/RBO}=H$)時，若輸入 $DCBA=LLHH$ 時，則輸出端 $abcdefg=LLLLHHL$，顯示出 " " 字型；若輸入 $DCBA=HLLH$

時，則輸出端 $abcdefg＝LLLHHLL$，顯示出 " " 字型。圖 4-31 所示則為 7447 IC推動共陽極顯示器所有顯示的字型，其中0～15表示$DCBA$輸入端由$0000_{(2)}$～$1111_{(2)}$ 的各別顯示字型。另外，在真值表中尚可得知 LT、RBI 與 BI/RBO 三控制端的功能與用途，茲分述如下：

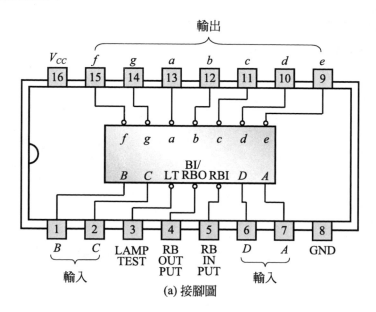

(a) 接腳圖

十進制值與控制功能	輸入						BI/RBO	輸出						
	LT	RBI	D	C	B	A		a	b	c	d	e	f	g
0	H	H	L	L	L	L	H	L	L	L	L	L	L	H
1	H	×	L	L	L	H	H	H	L	L	H	H	H	H
2	H	×	L	L	H	L	H	L	L	H	L	L	H	L
3	H	×	L	L	H	H	H	L	L	L	L	H	H	L
4	H	×	L	H	L	L	H	H	L	L	H	H	L	L
5	H	×	L	H	L	H	H	L	H	L	L	H	L	L
6	H	×	L	H	H	L	H	H	H	L	L	L	L	L
7	H	×	L	H	H	H	H	L	L	L	H	H	H	H
8	H	×	H	L	L	L	H	L	L	L	L	L	L	L
9	H	×	H	L	L	H	H	L	L	L	H	H	L	L
10	H	×	H	L	H	L	H	H	H	H	L	L	H	L
11	H	×	H	L	H	H	H	H	H	L	L	H	H	L
12	H	×	H	H	L	L	H	H	L	H	H	H	L	L
13	H	×	H	H	L	H	H	L	H	H	L	H	L	L
14	H	×	H	H	H	L	H	H	H	H	L	L	L	L
15	H	×	H	H	H	H	H	H	H	H	H	H	H	H
BI	×	×	×	×	×	×	L	H	H	H	H	H	H	H
RBI	H	L	L	L	L	L	L	H	H	H	H	H	H	H
LT	L	×	×	×	×	×	H	L	L	L	L	L	L	L

(b)真值表

圖 4-30　7447 解碼 IC

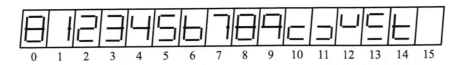

圖 4-31　7447 推動共陽極顯示器的顯示字型

LT：　　　　**燈泡測試(Lamp Test)輸入端**。當 **LT** $=L$時，不論 RBI、$DCBA$等輸入端的狀態為何(即不考慮 don't care)，**7447 處於燈泡測試的狀態，即** $abcdefg$ **全部輸出為**L，**7 段顯示器應顯示 "** **" 字型。**

RBI：　　　**漣波遮沒輸入(Ripple Blanking Input)端**。當 **RBI** $=L$，**且 DCBA** $=$ LLLL **時，7447 進入漣波遮沒狀態，即** $abcdefg$ **全部輸出為**H，**7 段顯示器完全不亮。**但是，當 $DCBA \neq LLLL$ 時，則 7447 將使顯示器正常顯示。

BI/RBO：　　**遮沒輸入／漣波遮沒輸出(Blanking Input/Ripple Blanking Output) 端。此控制端同時具有輸入與輸出功能；**若 BI/RBO $=L$，也就是被當作輸入端使用時，7447 進入遮沒狀態，不論其他輸入端(LT、RBI、$DCBA$)的狀態為何，$abcdefg$ 全部輸出為H，7 段顯示器完全不亮。另外，若BI/RBO不作輸入使用，則可作為漣波遮沒輸出使用，即當RBI $=L$ 且$DCBA=LLLL$ 時，BI/RBO也跟著輸出 L 用以傳遞給下一級 7447 IC；否則，輸出為H。

　　如圖 4-32 所示，若依輸入資料應顯示的數字為 007.20，由於電路使用無效零遮沒的連接方式，所以只會顯示 7.2；其原因為由於最左邊與最右邊的 7447 IC 之 RBI 接腳均接 GND(即 RBI $=$ L)，當其輸入資料($DCBA$)也剛好為 0000($=LLLL$)時，則$abcdefg=HHHHHHH$(即顯示器不顯示)，且使得BI/RBO接腳輸出L信號，傳遞給相鄰的 7447 IC，而由於拾位(10^1)的解碼器IC的輸入資料也剛好為 0000($=$ LLLL)，所以造成百位(10^2)、拾位(10^1)及最小一位(10^{-2})均不顯示的結果；同樣地，若無遮沒效果時，假設原輸入資料應顯示為 000.00 及 123.45，但依圖 4-32 的電路，將只會顯示 0.及 123.45，這樣的顯示方式，似乎較為實用。另外，由於 7447 解碼器／驅動器的輸出部份為開路集極(open collector)結構，所以 7 段顯示器與其連接時，每一段(每一個LED)必須串上 300Ω左右的限流電阻，用以保護 7 段顯示器。

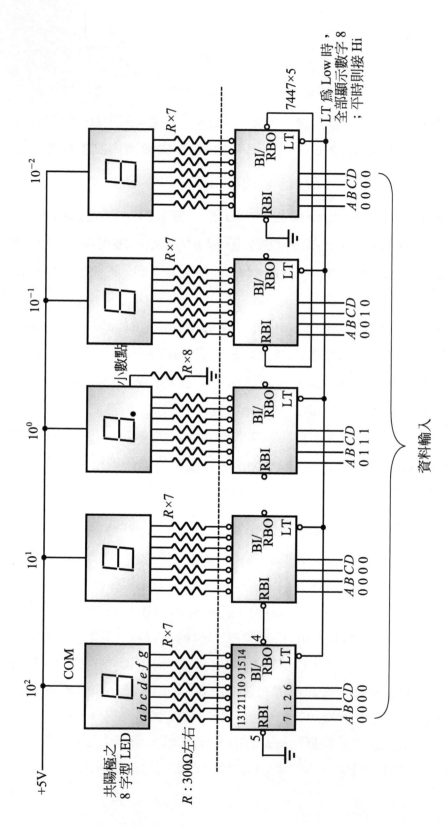

圖 4-32 無效零遮沒連接電路

4-6-4　優先編碼器

前幾小節所介紹的編碼器都有一共同的缺點，那就是——當我們不小心造成同時有數個輸入端有效時，將得到不預期的錯誤編碼輸出，致使電路產生誤動作；改善的方式，可採用具有優先次序的優先編碼器(priority encoder)，它的編碼依優先順序來決定的，當同時有數個輸入端有效時，優先編碼器將以優先權較高的輸入端為編碼的對象。

一、四對二線優先編碼器

表 4-4 為四對二線優先編碼器的真值表，由真值表中可知——I_3 的輸入端最優先，也就是只要 I_3 的輸入端為 1 (被激發)時，不論其他的輸入端狀態為何(以 x 表示)，編碼器的輸出端($Y_1 Y_0$) 就為 11；同樣的，當 I_2 的輸入端為 1，且 I_3 的輸入端必須為 0 (未被激發)時，則不論其他的輸入端狀態為何，編碼器的輸出端 $Y_1 Y_0$ 就為 10；之後才是 I_1 的輸入端優先，而 I_0 的輸入端的優先權最佳。

依真值表所得的輸出布林式為

$$Y_1(I_3, I_2, I_1, I_0) = I_3 + \overline{I}_3 I_2 = I_3 + I_2$$

$$Y_0(I_3, I_2, I_1, I_0) = I_3 + \overline{I}_3 \overline{I}_2 I_1 = I_3 + \overline{I}_2 I_1$$

表 4-4　4×2優先編碼器

輸入				輸出	
I_3	I_2	I_1	I_0	Y_1	Y_0
1	×	×	×	1	1
0	1	×	×	1	0
0	0	1	×	0	1
0	0	0	1	0	0

如圖 4-33 所示為設計出來的電路。

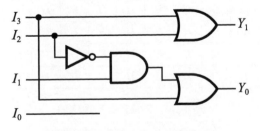

圖 4-33　4 對 2 線優先編碼器

二、制式 IC 優先編碼器

　　如圖 4-34 所示為 74147 優先編碼 IC 的接腳圖與真值表，由真值表中可以看出
——輸入端 9 的優先次序最高，其次為 8，之後依序為 7、6、5、4、3、2、1；因
為當輸入端 9 為 L 時(低態有效)；不論其他的輸入端狀態為何，編碼器的輸出端
($DCBA$)皆為 $LHHL$(低態有效)；同樣的，當輸入端 9 為 H 時(未有效)，而輸入端 8
為 L 時，則不論其他的輸入端狀態為何，編碼器的輸出端($DCBA$)都為 $LHHH$。

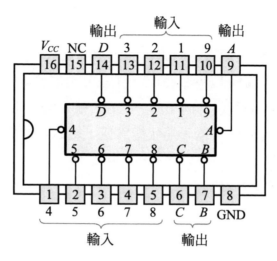

(a) 接腳圖

輸入									輸出			
1	2	3	4	5	6	7	8	9	D	C	B	A
H	H	H	H	H	H	H	H	H	H	H	H	H
×	×	×	×	×	×	×	×	L	L	H	H	L
×	×	×	×	×	×	×	L	H	L	H	H	H
×	×	×	×	×	×	L	H	H	H	L	L	L
×	×	×	×	×	L	H	H	H	H	L	L	H
×	×	×	×	L	H	H	H	H	H	L	H	L
×	×	×	L	H	H	H	H	H	H	L	H	H
×	×	L	H	H	H	H	H	H	H	H	L	L
×	L	H	H	H	H	H	H	H	H	H	L	H
L	H	H	H	H	H	H	H	H	H	H	H	L

圖 4-34　7417 優先編碼器

如圖 4-35 所示為應用優先編碼器完成的十進制按鍵開關對 BCD 之編碼器；假若開關 SW_8 與 SW_5 被同時按下，由於輸入端 8 的優先權較高，所以編碼器 74147 的輸出 $DCBA = LHHH$，經反相器後，$B_3B_2B_1B_0 = HLLL = 1000_{(2)} = 8_{(10)}$。

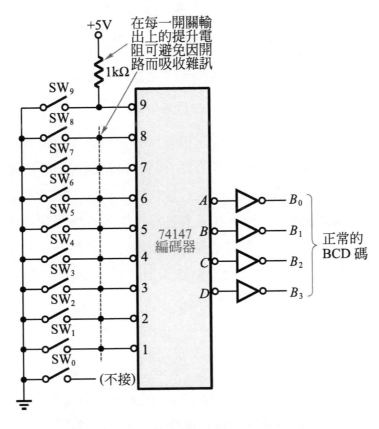

圖 4-35　十進制按鍵開關對 BCD 碼的編碼器

▣ 4-7　多工器

多工器(multiplexer，簡寫 MUX)或稱資料選擇器(data selector)，本質上是一個電子開關，它能由 M 個輸入線中選取一個傳送到輸出上。如圖 4-36 所示為 M 對 1 線多工器的方塊圖與等效開關結構圖，經由 N 個選擇輸入端來控制(選擇)將 M 個輸入信號其中之一傳送到輸出端，而 N 與 M 的關係為 $2^N \geq M$。例如：一個 32 對 1 線之 MUX，其選擇輸入線最少須 5 ($2^5 = 32$)條。

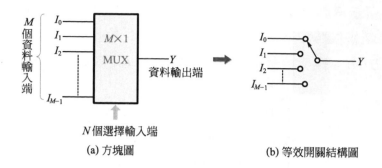

圖 4-36 *M* 對 1 線多工器

　　其實多工器的應用，在日常生活中是很常用的，例如：目前的平面電視的影音信號來源有線電視的、無線電視的、HDMI、USB等等輸入，藉由螢幕的圖形控制方式(多工器的作用)，來選擇其中之一的影音信號；另外，家中音響的音源(CD、FM、AM、AUX等)選擇開關，也是一個多工器的作用，該開關負責選擇某一音源信號送至放大器放大。其實，多工器應用最多的地方為通訊方面，將留待與下一小節(解多工器) 中一起說明。以下，將介紹多工器的基本原理、電路與其他應用。

4-7-1　*M* 對 1 線多工器

一、二對一多工器

　　欲設計一個二對一線多工器(2×1 MUX)，假設輸入端分別為I_0、I_1，輸出端為Y，由於只有兩輸入端，所以只需 1 條選擇輸入線S ($2^1 = 2$)即可；如表 4-5 所示為其真值表。

表 4-5　2 對 1 線多工器真值表

選擇輸入	輸出
S	Y
0	I_0
1	I_1

　　由真值表很容易寫出其布林式，即

$$Y = I_0 \overline{S} + I_1 S$$

　　如圖4-37所示為依布林式所設計出來二對一線多工器的電路與方塊圖；當$S = 0$時，I_0端的輸入信號可傳送至輸出端Y上；反之當$S = 1$時，則傳送I_1端的輸入信號。

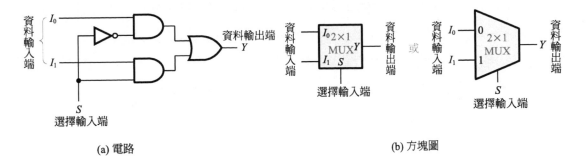

(a) 電路　　　　　　　　　　　　　　　(b) 方塊圖

圖 4-37　二對一線多工器

二、四對一線多工器

　　欲設計一個四對一線多工器(4×1 MUX)，如圖4-38所示，假設輸入端分別為I_0、I_1、I_2、I_3，輸出端為Y；由於有 4 個輸入端，所以須 2 條選擇輸入線S_1、S_0（$2^2 = 4$），而表4-6所示為其真值表。

表 4-6　4 對 1 線多工器真值表

選擇輸入		輸出
S_1	S_0	Y
0	0	I_0
0	1	I_1
1	0	I_2
1	1	I_3

　　由真值表可寫出其布林式為

$$Y = I_0 \overline{S}_1 \overline{S}_0 + I_1 \overline{S}_1 S_0 + I_2 S_1 \overline{S}_0 + I_3 S_1 S_0$$

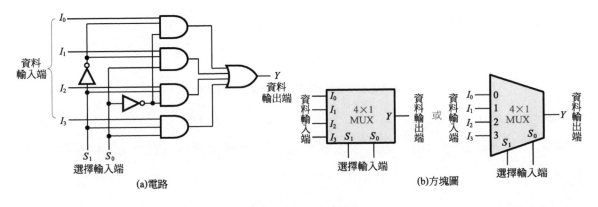

(a)電路　　　　　　　　　　　　　　　(b)方塊圖

圖 4-38　4×1 MUX

三、致能(閃控)控制

與解碼器IC相同，大多數的多工器IC常包含一個致能(enable)或閃控(strobe)輸入端來控制電路的動作。如圖4-39所示為一個具閃控輸入端的4對1線多工器之電路、真值表與方塊圖；由電路或真值表皆可得知當閃控輸入端G為1時，不論選擇輸入端狀態為何，輸出端Y均為0；當閃控輸入端G為0時，輸出端Y才依選擇輸入端決定那一個輸入資料傳送至輸出。例如，$GS_1S_0 = 000$時，$Y = I_0$，若$GS_1S_0 = 001$時，$Y = I_1$，其餘以此類推，當然啦！$Y = I_0$時，即表示I_0若為1，則$Y = 1$；I_0若為0，則$Y = 0$。

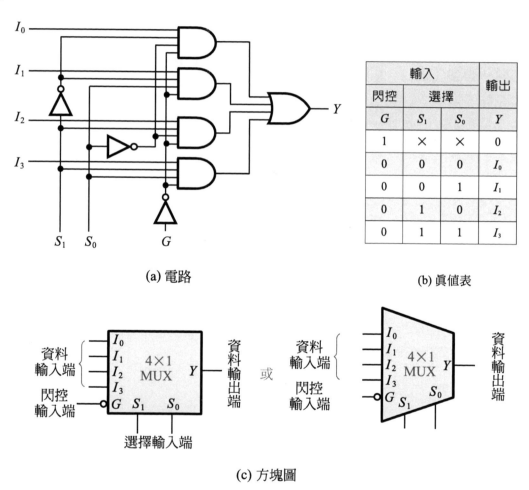

(a) 電路

輸入			輸出
閃控	選擇		
G	S_1	S_0	Y
1	×	×	0
0	0	0	I_0
0	0	1	I_1
0	1	0	I_2
0	1	1	I_3

(b) 真值表

(c) 方塊圖

圖4-39　具閃控輸入端之4×1 MUX

在現有的IC成品中，74157、74153、74151、74150分別為二對一線、四對一線、八對一線及十六對一線的多工器，其電路結構與應用方法，都與前面介紹的相似。

四、多工器的擴充

　　如圖 4-40 所示之電路皆利用二對一線的多工器，來擴充為四對一線的多工器；

圖 4-40(a)為利用 3 個二對一線的多工器來完成，其動作的情況如下：

　　當 $S_1 = 0$ 時，選擇 U_1 的多工器輸出，即 $Y_2 = Y_0$，

　　　若 $S_0 = 0$ 時，則選擇 D_0 資料輸出至 Y_0，即 $Y_2 = Y_0 = D_0$。

　　　若 $S_0 = 1$ 時，則選擇 D_1 資料輸出至 Y_0，即 $Y_2 = Y_0 = D_1$。

　　當 $S_1 = 1$ 時，選擇 U_2 的多工器輸出，即 $Y_2 = Y_1$，

　　　若 $S_0 = 0$ 時，則選擇 D_2 資料輸出至 Y_1，即 $Y_2 = Y_1 = D_2$。

　　　若 $S_0 = 1$ 時，則選擇 D_3 資料輸出至 Y_1，即 $Y_2 = Y_1 = D_3$。

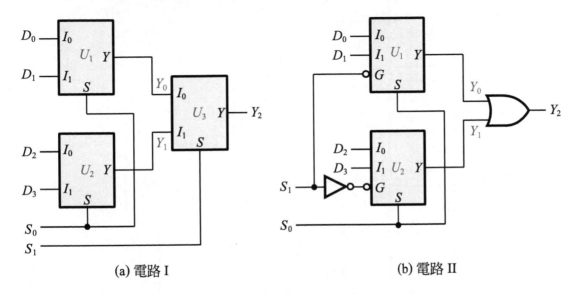

(a) 電路 I　　　　　　　　　　　　(b) 電路 II

圖 4-40　四對一線多工器

　　而圖 4-40(b)則是利用 2 個具有閃控(或致能)端的二對一線多工器，配合 OR、NOT 閘來完成，其動作的情況如下：

　　當 $S_1 = 0$ 時，只有 U_1 的多工器致能動作，此時 $Y_2 = Y_0$，

　　　若 $S_0 = 0$ 時，則選擇 D_0 資料輸出至 Y_0，即 $Y_2 = Y_0 = D_0$。

　　　若 $S_0 = 1$ 時，則選擇 D_1 資料輸出至 Y_0，即 $Y_2 = Y_0 = D_1$。

　　當 $S_1 = 0$ 時，只有 U_1 的多工器致能動作，此時 $Y_2 = Y_0$，

　　　若 $S_0 = 0$ 時，則選擇 D_0 資料輸出至 Y_0，即 $Y_2 = Y_0 = D_0$。

　　　若 $S_0 = 1$ 時，則選擇 D_1 資料輸出至 Y_0，即 $Y_2 = Y_0 = D_1$。

當 $S_1 = 1$ 時，只有 U_2 的多工器致能動作，即 $Y_2 = Y_1$，

若 $S_0 = 0$ 時，則選擇 D_2 資料輸出至 Y_1，即 $Y_2 = Y_1 = D_2$。

若 $S_0 = 1$ 時，則選擇 D_3 資料輸出至 Y_1，即 $Y_2 = Y_1 = D_3$。

若由未具致能輸入端 2 對 1 線多工器(2×1 MUX)來組成 8 對 1 線多工器(8×1 MUX)，所需的多工器(2×1 MUX)數量計算方式如下：

$$\begin{array}{r} 2\underline{\smash{\big)}\,8} \\ 2\underline{\smash{\big)}\,4} \\ 2\underline{\smash{\big)}\,2} \\ 1 \end{array}$$
所以共需使用 $4 + 2 + 1 = 7$ 個 2 對 1 線多工器，其擴充方式如圖 4-41 所示。

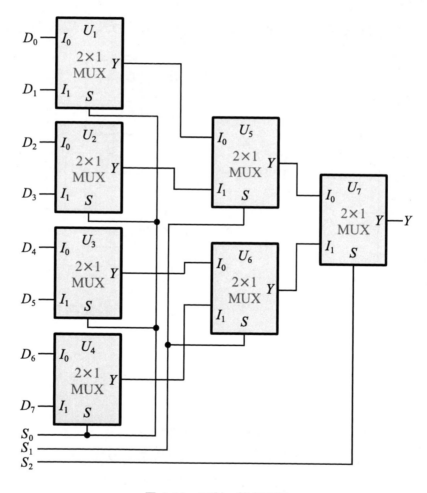

圖 4-41　二對一線多工器

4-7-2　多工器實現布林代數

　　利用多工器來實現布林式，主要的原因在於可以減少 IC 的使用數目及接線的麻煩；而電路只須一個多工器，最多再加上一個反相器即可。

　　其設計的步驟如下：

1.　布林式若有 n 個輸入變數，則採用 $2n-1$ 對 1 線的多工器。

　　例：(1) 若有 3 個輸入變數，則採用 4 對 1 線多工器。

　　　　(2) 若有 4 個輸入變數，則採用 8 對 1 線多工器。

2.　接線方式為任取一個輸入變數作為資料輸入線，其餘的輸入變數則作為選擇輸入端的輸入。

　　例：以 3 個輸入變數 A、B、C 為例，常用下列三種方式。

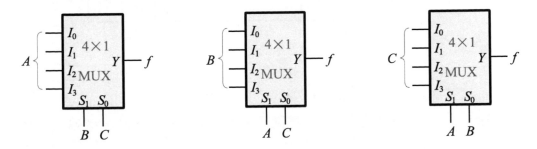

3.　化簡的方格類似卡諾圖，但是不同於卡諾圖用格雷碼方式，而是採用連續性的二進位碼，以配合資料輸入端 I_0、I_1、I_2……的順序；水平軸代表從選擇輸入端輸入的變數，而垂直軸則代表從資料輸入端輸入的變數，以下以圖解方式說明：

　　三個輸入變數可變化的組合有三種方式：

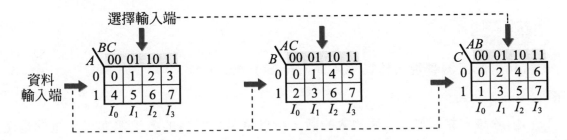

四個輸入變數可變化的組合有四種方式(僅列其中二種)：

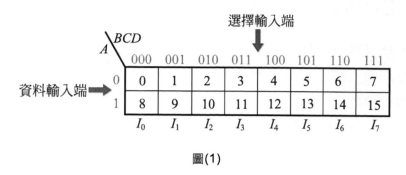

圖(1)

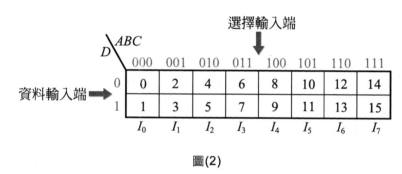

圖(2)

4. 將布林式的最小項在方格中所對應的數字圈起來。

(1) 若同一行僅有一個數字(方格)被圈選，則對應資料輸入端直接輸入該變數，如 $I_0 = C$、$I_3 = \overline{D} \cdots$。

(2) 若同一行中兩個數字(方格)均被圈選，則對應資料輸入端直接輸入 1，如 $I_0 = 1$、$I_5 = 1 \cdots$。

(3) 若同一行中兩個數字(方格)均未被圈選，則對應的資料輸入端直接輸入 0，如 $I_2 = 0$、$I_7 = 0 \cdots$。

5. 最後將電路畫出來，即完成設計。

例題 11

試利用多工器實現布林式 $f(A, B, C) = \Sigma(1, 4, 5, 6)$

解

1. 由於該布林代數有 3 個輸入變數，所以使用 $2^{3-1} \times 1$ 的多工器即可，也就是使用 4×1 的 MUX。

2. 設 AB 從選擇輸入端輸入，而 C 則從資料輸入端輸入，如圖(1)所示。

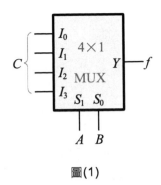

圖(1)

3. 類似卡諾圖，但非格雷碼排列方式，而是以二進位碼方式，所以其方格編號與卡諾圖有所不同。

	AB			
C	00	01	10	11
0	0	2	4	6
1	1	3	5	7
	I_0	I_1	I_2	I_3

4. 將布林代數 SOP 式的數字表示式與方格數字相同的圈起來，並寫出相對應的輸入資料。

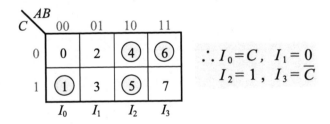

$$\therefore I_0 = C, \quad I_1 = 0$$
$$I_2 = 1, \quad I_3 = \overline{C}$$

5. 設計出的電路如圖(2)所示。

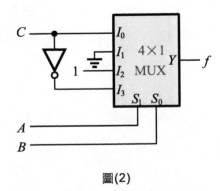

圖(2)

例題 12

試利用多工器實現布林式 $f(A, B, C, D) = \Sigma(0, 2, 3, 6, 9, 10, 11, 14, 15)$

解

1.　由於有 4 個輸入變數，故採用 8×1 的多工器。

2.　以下將設計步驟部份省略，直接跳至後面的步驟。

(1)若以 D 作為資料輸入變數，則得

D \ ABC	000	001	010	011	100	101	110	111
0	⓪	②	4	⑥	8	⑩	12	⑭
1	1	③	5	7	⑨	⑪	13	⑮
	I_0	I_1	I_2	I_3	I_4	I_5	I_6	I_7

$$\therefore I_0 = \overline{D}, \ I_1 = 1, \ I_2 = 0, \ I_3 = \overline{D},$$
$$I_4 = D, \ I_5 = 1, \ I_6 = 0, \ I_7 = 1 \text{。}$$

(2)若以 C 作為資料輸入變數，則得

C \ ABD	000	001	010	011	100	101	110	111
0	⓪	1	4	5	8	⑨	12	13
1	②	③	⑥	7	⑩	⑪	⑭	⑮
	I_0	I_1	I_2	I_3	I_4	I_5	I_6	I_7

$$\therefore I_0 = 1, \ I_1 = C, \ I_2 = C, \ I_3 = 0,$$
$$I_4 = C, \ I_5 = 1, \ I_6 = C, \ I_7 = C \text{。}$$

比較(1)、(2)之後，發現若以 C 作為資料輸入變數時，不必使用反相器，即可實現該布林式，電路如圖(e1)所示；所以在設計上，可分別改變輸入變數作為多工器的資料輸入變數，以求得最簡易的連接方式。

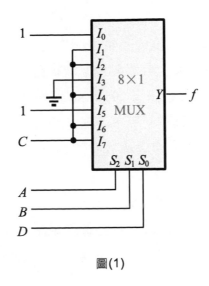

圖(1)

▣ 4-8　解多工器

解多工器(demultiplexer，簡寫 DeMUX)或稱資料分配器(data distributor)其動作原理與功能恰與上一節所提的多工器相反；如圖 4-42 所示為 1 對 M 線解多工器的方塊圖與等效開關結構圖，經由 N 個選擇輸入端來控制(選擇)將輸入信號傳送到 M 個輸出端的其中之一，而 N 與 M 的關係為 $2N \geq M$。

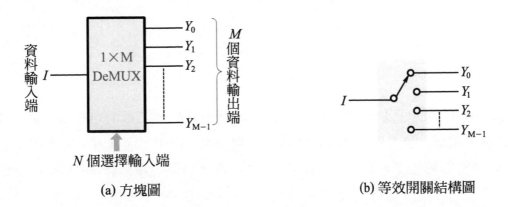

(a) 方塊圖　　　　　　　　　　　　　　(b) 等效開關結構圖

圖 4-42　1 對 M 線解多工器

說到解多工器的應用，就不能不提在通訊上的貢獻。假設台北地區(區域碼為02)的電話共有 500 萬個門號，而台南地區(區域碼為 06)的電話共有 100 萬個門號，如何連結兩地的通訊呢？簡單的說，就是靠著多工器與解多工器來完成的。

　　當住台北地區的電話用戶(發話戶)拿起話筒撥出 06-201xxxx(受話戶)的電話號碼時，06的數碼將會使得長途交換機產生集縮作用(也就是多工器作用，由眾多的電話用戶中『選擇』發話戶，連上台北與台南的線路，因為台北與台南實際的連接線路可能不到 1 萬條)，再將撥號訊息 201xxxx 傳送至台南地區的交換機，而台南地區的交換機就依照 201 的數碼控制解多工器，『分配』至台南永康地區的受話用戶號碼 xxxx，此時發話戶與受話戶才構成實際的連線。其中 06 與 201 如同多工器與解多工器的選擇輸入端控制訊號。

　　利用多工器與解多工器的作用，就可以將台北與台南實際的連接線路縮到最少，因為並不是所有的電話用戶隨時都在打長途電話。不過，隨著電腦科技日新月異，目前有關上述的通訊控制方式，早已由電腦程式所取代。以下，介紹解多工器的基本原理、電路與其擴充方式。

一、一對四線解多工器

　　欲設計一個一對四線解多工器(1×4 DeMUX)，假設輸入端為 I，輸出端分別為 Y_0、Y_1、Y_2、Y_3；由於有 4 個輸出端，所以需 2 條選擇輸入線 S_1、S_0 ($2^2 = 4$)，如表 4-7 所示為其真值表。

　　由其真值表可寫出其輸出布林式為

$$Y_0 = I\overline{S}_1\,\overline{S}_0$$

$$Y_1 = I\overline{S}_1 S_0$$

$$Y_2 = IS_1\overline{S}_0$$

$$Y_3 = IS_1 S_0$$

　　如圖 4-43 所示為依布林式所設計出來一對四線解多工器的電路，而圖 4-44 所示則為其方塊圖；當 $S_1 S_0 = 00$ 時，I 的資料將傳送至 Y_0 輸出，而當資料輸入端 $S_1 S_0 = 01$ 時，I 的資料將傳送至 Y_1 輸出，以此類推，當 $S_1 S_0 = 11$ 時，I 的資料將傳送至 Y_3 輸出。

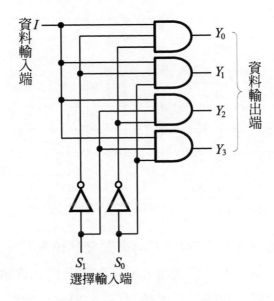

圖 4-43　1×4 DeMUX 電路

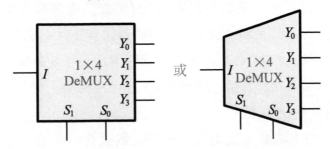

圖 4-44　1×4 DeMUX 方塊圖

表 4-7　低態有效輸出的1×4 DeMUX 真值表

選擇輸入		輸出			
S_1	S_0	Y_0	Y_1	Y_2	Y_3
0	0	I	1	1	1
0	1	1	I	1	1
1	0	1	1	I	1
1	1	1	1	1	I

表 4-8　74139 解碼 IC 的真值表

輸入			輸出			
致能	選擇					
G	B	A	Y_0	Y_1	Y_2	Y_3
1	×	×	1	1	1	1
0/1	0	0	0/1	1	1	1
0/1	0	1	1	0/1	1	1
0/1	1	0	1	1	0/1	1
0/1	1	1	1	1	1	0/1

　　由於在數位邏輯電路常以低態("0")來激發其他電路,所以若將圖 4-39 的 AND閘改成NAND閘,就可得到低態有效輸出作用,而其真值表將如表 4-7 所示;此時,若與 74139 二對四線解碼器的真值表(表 4-8)來作比較,則可以發現只要將 74139 的致能端G視為解多工器的資料輸入端 I,而其選擇輸入端B、A視為解多工器的選擇輸入端S_1、S_0,即可將 2 對 4 線的解碼器當作 1 對 4 線的解多工器使用。當 $G = I = 0$時,輸入資料($I = 0$)將依$S_1 S_0 (BA)$的狀態傳送至指定的輸出端(Y_0或Y_1或Y_2或Y_3)上;而當$G = I = 1$時,由於Y_0至Y_3均輸出 1,亦可視為輸入資料($I = 1$)仍依$S_1 S_0 (BA)$的狀態傳送至指定的輸出端上。

　　如圖 4-45 所示的方塊圖,說明著如何將有致能的解碼器當作解多工器使用(也是具有致能輸入端的解碼器與解多工器是等效的),所以具有致能輸入端的 TTL 解碼 IC,都可以當成解多工器使用喔!

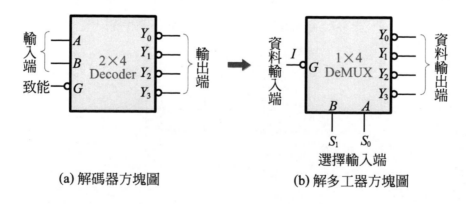

(a) 解碼器方塊圖　　　　　　　(b) 解多工器方塊圖

圖 4-45　解碼器變成解多工器的方塊圖

二、致能控制

與多工器相同，大多數的解多工器常包含一個致能(enable)輸入端來控制電路的動作，如圖 4-46 所示為具致能輸入端解多工器的電路、眞值表與方塊圖；當致能輸入 $E = 1$ 時，輸出(Y_0、Y_1、Y_2、Y_3)皆爲 0；當致能輸入 $E = 0$ 時，則依選擇輸入($S_1 S_0$)的狀態，將資料 I 傳送到輸出(Y_0、Y_1、Y_2、Y_3)其中之一。

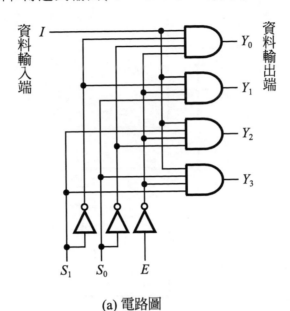

(a) 電路圖

輸入			輸出			
致能	選擇					
E	S_1	S_0	Y_0	Y_1	Y_2	Y_3
1	×	×	0	0	0	0
0	0	0	I	0	0	0
0	0	1	0	I	0	0
0	1	0	0	0	I	0
0	1	1	0	0	0	I

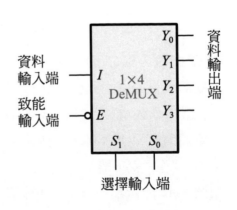

(b) 眞值表　　　　　　　　　　　(c) 方塊圖

圖 4-46　一對四線解多工器

三、解多工器的擴充

1. 使用致能輸入端

   如圖 4-47 所示為利用致能輸入端將一對四線解多工器，擴充成為一對八線解多工器的電路及真值表。

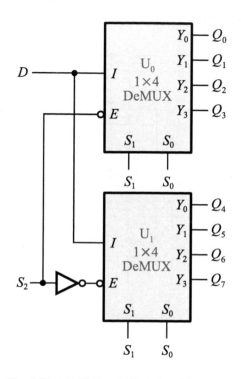

圖 4-47　1 對 4 線解多工器擴充為 1 對 8 線解多工器

(1)當選擇輸入端 $S_2 = 0$ 時，只有 U_0 的解多工器致能動作，由選擇輸入 $(S_1 S_0)$ 決定將資料 D 傳送到 $Q_0 \sim Q_3$ 輸出其中之一。

(2) 當選擇輸入端 $S_2 = 1$ 時，只有 U_1 的解多工器致能動作，由選擇輸入 $(S_1 S_0)$ 決定將資料 D 傳送到 $Q_4 \sim Q_7$ 輸出其中之一。

2. 使用多個解多工器

   如圖 4-48 所示為多個 1 對 4 線解多工器(未具致能輸入端)擴充成為 1 對 16 線解多工器的電路，其動作原理如下：

(1) 當選擇輸入端 $S_3 S_2 = 00$ 時，資料 D 被傳送至 X_0，再由選擇輸入 $(S_1 S_0)$ 決定將資料 D 傳送到 $Q_0 \sim Q_3$ 輸出其中之一。

(2) 當選擇輸入端 $S_3 S_2 = 01$ 時，資料 D 被傳送至 X_1，再由選擇輸入 $(S_1 S_0)$ 決定將資料 D 傳送到 $Q_4 \sim Q_7$ 輸出其中之一。

(3) 當選擇輸入端$S_3 S_2 = 10$時，資料D被傳送至X_2，再由選擇輸入$(S_1 S_0)$決定將資料D傳送到$Q_8 \sim Q_{11}$輸出其中之一。

(4) 當選擇輸入端$S_3 S_2 = 11$時，資料D被傳送至X_3，再由選擇輸入$(S_1 S_0)$決定將資料D傳送到$Q_{12} \sim Q_{15}$輸出其中之一。

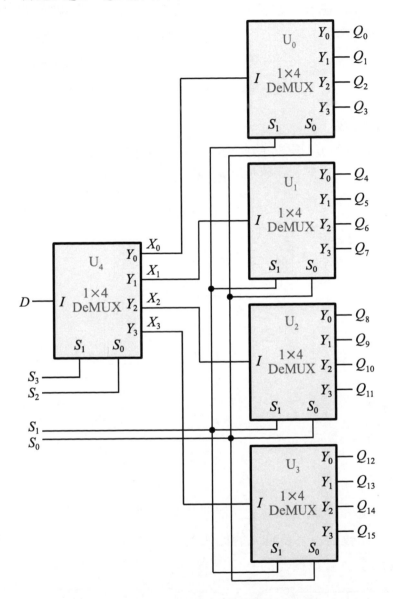

圖 4-48　1 對 4 線解多工器擴充成為 1 對 16 線解多工器

另外，由上圖中可知──需 5 個使用 1 對 4 線解多工器方能組成 1 對 16 線，其計算方式為 $4 \begin{array}{|c} 16 \\ \hline 4 \\ \hline 1 \end{array}$ ，故需 $4 + 1 = 5$ 個 1 對 4 線解多工器。

■ 4-9 比較器

在現實生活中，人與人之間常常會相互比較，比較誰比較聰明、誰比較漂亮、誰比較有錢等等；在數位微電腦的領域中，同樣地也常會有需要相互比較的情況，例如：當溫度上升超過某一數值時，冷氣機的壓縮機便開始加強運轉，使溫度下降，而當溫度低於某一數值時，壓縮機便放慢運轉使溫度維持在某一範圍內。此時就得使用比較器(comparator)作為訊號(資料)大小的比較。比較器就是一種能夠比較兩個二進位數(A、B)，誰大、誰小、或者兩者相等的電路。

一、一位元的比較器

表4-9為兩個一位元比較器的真值表，L為$A < B$的輸出端，E為$A = B$的輸出端，G為$A > B$的輸出端，由表中可獲得其輸出布林式分別為

表 4-9　一位元比較器的真值表

輸入		輸出		
A	B	$L_{(A<B)}$	$E_{(A=B)}$	$G_{(A>B)}$
0	0	0	1	0
0	1	1	0	0
1	0	0	0	1
1	1	0	1	0

$$L = \overline{A} B$$

$$E = \overline{A}\,\overline{B} + AB = A \odot B$$

$$G = A\overline{B}$$

如圖4-49所示為依輸出布林式所設計出來兩個一位元比較器的電路與方塊圖，由於單一位元的比較器沒有多位元的比較器來得實用，所以，以下介紹利用一位元比較器擴充成為多位元比較器的原理與方法。

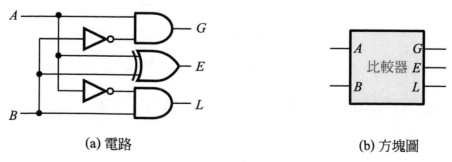

(a) 電路　　　　　　　　　　(b) 方塊圖

圖 4-49　一位元比較器

二、二位元的比較器

設兩輸入端分別為A_1A_0、B_1B_0，而輸出端為G、E、L(分別代表$A > B$、$A = B$、$A < B$的輸出結果)，電路原理分析如下：

1. $A > B$的情況共有二種

   (1) $A_1 > B_1$……………………………即G_1

   (2) $A_1 = B_1$且$A_0 > B_0$………………即E_1G_0

   所以，$A > B$的輸出布林式為$G = G_1 + E_1G_0$

2. $A = B$的情況只有一種

   即$A_1 = B_1$且$A_0 = B_0$，

   所以，$A = B$的輸出布林式為$E = E_1E_0$

3. $A < B$的情況共有二種

   (1) $A_1 < B_1$……………………………即L_1

   (2) $A_1 = B_1$且$A_0 < B_0$………………即E_1L_0

   所以，$A < B$的輸出布林式為$L = L_1 + E_1L_0$

   如圖4-50所示為依輸出布林式所繪出的二位元比較器電路與方塊圖。

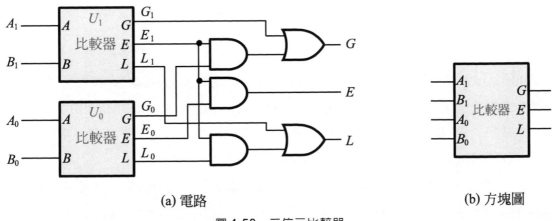

(a) 電路　　　　　　　　　　　　　　　　(b) 方塊圖

圖4-50　二位元比較器

三、四位元的比較器

如圖4-51所示為利用二位元比較器擴充成為四位元比較器的電路，其原理如下：

1. $A > B$的情況共有兩種

   (1) $A_3A_2 > B_3B_2$…………………………即 G_1

   (2) $A_3A_2 = B_3B_2$ 且$A_1A_0 > B_1B_0$…………即 E_1G_0

   所以，$A > B$的輸出布林式為$G = G_1 + E_1G_0$

2. $A = B$的情況只有一種

即$A_3A_2 = B_3B_2$且$A_1A_0 = B_1B_0$

所以，$A = B$的輸出布林式為$E = E_1E_0$

3. $A < B$的情況共有兩種

(1) $A_3A_2 < B_3B_2$ ······························即L_1

(2) $A_3A_2 = B_3B_2$ 且$A_1A_0 < B_1B_0$···········即E_1L_0

所以，$A < B$的輸出布林式為$L = L_1 + E_1L_0$

依此方式類推，即可快速擴展至 8、16、32 等所需位元的比較器電路。

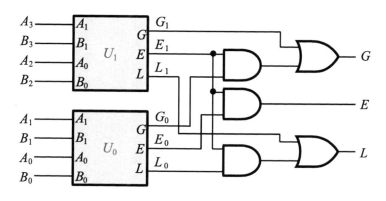

圖 4-51　四位元比較器

四、制式比較器 IC——7485

　　如圖 4-52 所示為制式 IC 編號 7485(四位元比較器)的接腳圖、方塊圖及眞值表；由方塊圖可很容易得知該IC為比較兩組 4 位元的數目$A(A_3\cdots A_0)$和$B(B_3\cdots B_0)$，比較的結果有三個輸出端，分別為$A < B$、$A = B$、$A > B$；而 3 個串級輸入端($A < B$、$A = B$、$A > B$)則是用來擴展成更多位元的比較器。

　　從眞值表中，可以得知其比較方式為兩組數目進行比較時，由最高有效位元(MSB)開始比較，即先比較A_3和B_3，若已比出大小或相等，則其他位元可不必再比較(眞值表中以×不考慮狀態表示)；若$A_3 = B_3$，則再比次高有效位元，即再比較A_2和B_2，依此類推，直到能比較出大小爲止；若比到最後一位元(A_0和B_0)，仍然相等，則再依前級的串級輸入來決定大小；假若沒有前級($A = B$串級輸入端一定要設爲H輸入，而$A > B$、$A < B$的串級輸入端則可隨意輸入，不用考慮)；則$A = B$的輸出端將輸出爲"H"；表示兩組數目相等。另外，當兩組輸入數目相等($A_3A_2A_1A_0 = B_3B_2B_1B_0$)，若串級輸入($A > B$、$A < B$、$A = B$)爲$H$、$H$、$L$或$L$、$L$、$L$的錯誤輸入時，將造成不正確的輸出(輸出$A > B$、$A < B$、$A = B$爲$L$、$L$、$L$或$H$、$H$、$L$)。

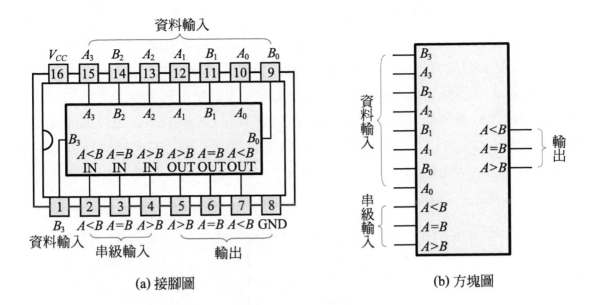

(a) 接腳圖　　　　　　　　　　　　　(b) 方塊圖

輸入							輸出		
比較				串級					
A_3,B_3	A_2,B_2	A_1,B_1	A_0,B_0	$A>B$	$A<B$	$A=B$	$A>B$	$A<B$	$A=B$
$A_3>B_3$	×	×	×	×	×	×	H	L	L
$A_3<B_3$	×	×	×	×	×	×	L	H	L
$A_3=B_3$	$A_2>B_2$	×	×	×	×	×	H	L	L
$A_3=B_3$	$A_2<B_2$	×	×	×	×	×	L	H	L
$A_3=B_3$	$A_2=B_2$	$A_1>B_1$	×	×	×	×	H	L	L
$A_3=B_3$	$A_2=B_2$	$A_1<B_1$	×	×	×	×	L	H	L
$A_3=B_3$	$A_2=B_2$	$A_1=B_1$	$A_0>B_0$	×	×	×	H	L	L
$A_3=B_3$	$A_2=B_2$	$A_1=B_1$	$A_0<B_0$	×	×	×	L	H	L
$A_3=B_3$	$A_2=B_2$	$A_1=B_1$	$A_0=B_0$	H		L	H	L	L
$A_3=B_3$	$A_2=B_2$	$A_1=B_1$	$A_0=B_0$	H	×	L	L	H	L
$A_3=B_3$	$A_2=B_2$	$A_1=B_1$	$A_0=B_0$	×	×	H	L	L	H
$A_3=B_3$	$A_2=B_2$	$A_1=B_1$	$A_0=B_0$	H	H	L	L	L	L
$A_3=B_3$	$A_2=B_2$	$A_1=B_1$	$A_0=B_0$	L	L	H	H	H	L

圖 4-52　7485 比較器

　　如圖 4-53 所示則為實際的應用電路，利用 2 顆 7845 組成 8 位元的比較器，當編號 U_2 比較器已由 $A_7 \cdots A_4$ 與 $B_7 \cdots B_4$ 比較出結果時，不論其串級輸入(由編號 U_1 比較器的輸出傳送而來)為何，都不影響 U_2 比較器的輸出結果。若 $A_7 \cdots A_4$ 與 $B_7 \cdots B_4$ 資料相等，則由 U_1 比較器來比較 $A_3 \cdots A_0$ 與 $B_3 \cdots B_0$ 的大小，再將輸出結果傳送至 U_2 比較器，用以影響 U_2 比較器的輸出結果。例如 $A = 11110010_{(2)}$、$B = 11110001_{()}$，由於 $A_7 \cdots A_4$ 與 $B_7 \cdots B_4$ 皆相等，所以由 U_2 比較器的串級輸入來決定大小；而由於 U_1 比較器只有 $A > B$ 的輸出端為 H（$A_3 A_2 A_1 A_0 = 0010$、$B_3 B_2 B_1 B_0 = 0001$），進而影響 U_2 比較器的輸出結果，使得代表 $A > B$ 的 $f_3 = H$，而其餘(f_1、f_2)均為 L。

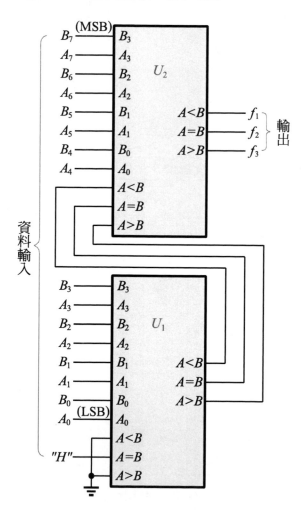

圖 4-53　8 位元的比較器

4-10 可程式邏輯元件(PLD)

可程式邏輯裝置(PLD, Programmable Logic Device)就是可以讓使用者自由設計其邏輯功能的數位積體電路(IC)，如同一張白紙或是一堆積木一樣，工程師可以透過傳統的圖形輸入法，或是硬體描述語言來設計所需的數位邏輯系統。透過軟體模擬，就可以事先驗證電路設計的正確性，在完成PCB(印刷電路板)或已組成商品時，還可以利用PLD在線上修改的能力(ISP, In-System Programming)，即時修正設計而不用更改原來的硬體電路。

PLD 其實涵蓋了 PROM(Programmable ROM)、PAL (Programmable Array Logic)、PLA (Programmable Logic Array)、CPLD (Complex PLD)、FPGA (Field Programmable Gate Array) 等可程式邏輯元件。PLD 早期便是為了取代制式的 IC (SSI、MSI)而問世，然而隨著半導體材料與製造技術的進步，PLD 挾著高密度、高容量、低耗電功率、多腳位數等優勢，在某些方面甚至已經可以取代LSI、VLSI，但是這已不是PLD廣受喜愛的主要原因，因為電路使用PLD可獲得下列幾項優點：

1. 保密性：只要將內部的保密保險絲(security fuse)燒斷，即可防止電路內容被他人拷貝模仿。
2. 時效性：產品問世的時間可以縮短(time to market)，因而可以獲取最大的利基。
3. 工作速度提高：由於整個電路的密集度高，雜散電容少，因而電路可以在更高的頻率工作。
4. 降低成本：由於使用 IC 數變少，印刷電路板(PCB)面積變小，故成本降低(cost down)。
5. 可靠度增加：由於 PCB 面積變小，佈線變少、變短，產生的分佈電容、電感對系統的干擾減少很多，所以整體的可靠度增加。
6. 設計與維護容易：可以使用硬體描述語言、電路圖等自動化工具完成設計、模擬，且具可重複燒錄驗證的特性，加上套用 IP(Intellectual Properties，智慧財產) 與支援 ISP 功能，故在設計與維護上均十分便利[註]。

註：1. 硬體描述語言：目前硬體描述語言的主流大致可分為兩種，一為 VHDL(Very High Speed Integrated Circuit Hardware Description Language)，另一則為 Verilog HDL，這兩種硬體描述語言都是用於數位邏輯電路的設計，並且都已成為電機電子工程師協會(IEEE,Institute Electrical & Electronic Engineers) 的標準語言。

2. ISP：1992 年 Lattice 率先發表業界第一顆具有 ISP(In-System Programming，線上系統規劃) 功能的 PLD 元件，即 PLD 元件不用抽離原電路板，可直接規劃更新。

3. ROM(Read Only Memory，唯讀記憶體亦稱僅讀記憶體)，只能讀出內部的資料，其資料只在製造晶片時置入；而 PROM(Programmable ROM，可規劃的 ROM)，使用者僅能規劃內部資料一次的 ROM。

4. IP(Intellectual Properties，智慧財產)：指一些在數位電路系統中常用卻又較為複雜功能模組，如 FIR 濾波器，SDRAM 控制器，PCI 界面等等設計成為可修改參數之模組，供使用者使用；使用者可直接藉由修改其參數使其適用於自己設計的電路。目前市面上對 IP 的定義大致歸納為——凡加入晶片中可使 IC 正常運作的軟體或硬體功能，都可稱為 IP。隨著可程式邏輯元件的容量越來越大，設計越來越複雜，使用 IP 將是一種設計趨勢，因為藉由 IP 的應用，大幅減輕設計者的負擔，亦使設計時間縮短，提昇產品市場之競爭力。

PLD 以其內部結構來分類，大致可分為下列三大類：

一、簡單型 PLD (SPLD，Simple PLD)

此型 PLD 的內部就是一種二層的 AND-OR 邏輯陣列，AND 的輸入端或 OR 的輸入端具有可程式化(可規劃)的保險絲陣列，如圖 4-54 所示。

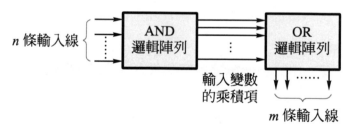

圖 4-54　SPLD 結構

在 SPLD 中，有的只能燒錄一次(PAL)，有的則如 EPROM 般，利用紫外光線清除資料，即可重複燒錄(EPLD)，有的則是利用電氣方式清除資料，亦可重複燒錄(GAL、PEEL)。SPLD 由於結構簡單，所以只能實現規模較小的電路；而 SPLD 皆不能在電路上隨時規劃(即不支援 ISP 功能)，若欲重新規劃則必須將元件(IC)由電路中取出，利用專用的燒錄器來燒錄，之後再插回原電路中工作，由於非常不方便，所以，逐漸被支援 ISP 功能的 CPLD 及 FPGA 所取代。

　　PLD 的 AND 與 OR 閘的表示方式，通常如圖 4-55 所示，其中符號『·』代表一個固定結構不可規劃，而符號『×』代表一個可規劃的保險絲熔絲結構，依電路需求，可將熔絲燒斷。

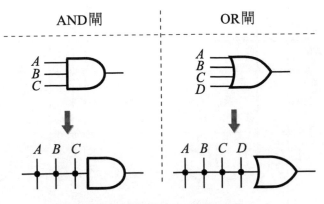

(a) PLD 固定連線的表示方式

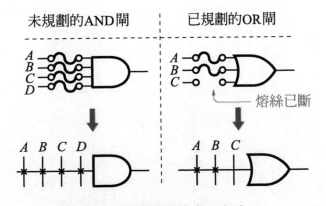

(b) PLD 可規劃連線的表示方式

圖 4-55　PLD 常用表示方式

　　SPLD若依AND、OR陣列可程式(規劃)與否來劃分，可分為PROM、PAL及PLA 三者，如圖4-56所示為三者的差異，表4-10所示即為其不同點。

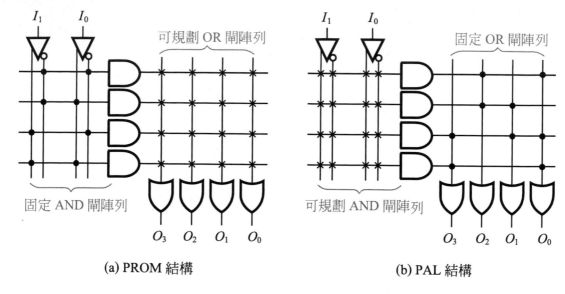

(a) PROM 結構　　　　　　　　　　　　　　(b) PAL 結構

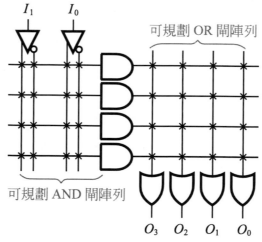

(c) PLA 結構

圖 4-56　三種 PLD 的結構

表 4-10　PROM、PAL、PLA 三者的差異

種類	AND 陣列	OR 陣列
PROM	固定	可規劃
PAL	可規劃	固定
PLA	可規劃	可規劃

二、複雜型 PLD (CPLD，Complex PLD)

CPLD基本上是由許多個獨立的邏輯區塊(logic block)所組合而成的，而每個邏輯區塊均類似於一個 SPLD，由於獨立的邏輯區塊多為乘積項(product term)的結構，具有EEPROM或Flash ROM的特性，所以早期均將含有EEPROM或Flash ROM 結構的PLD稱為CPLD[註]。另外，由於邏輯區塊間的相互關係為可程式(可規劃)的配線(routing)架構，所以可以組合成複雜的大型電路，如圖4-57所示為CPLD的架構方塊圖。

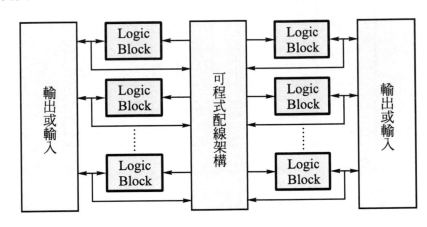

圖 4-57　CPLD 之架構方塊圖

由於CPLD是一種整合性較高的邏輯元件，因此具有可靠度增加、性能提升、印刷電路板(PCB)面積減少及成本降低等優點。

註：1. EEPROM(Electrically Erasable PROM，電氣可抹去可程式的ROM)，資料的燒寫(規劃)與清除方式，則皆以電氣方式來完成。
　　2. Flash ROM(Flash Memory，快閃記憶體)，由 EEPROM 演化而來，是目前最新的一種 ROM 型式；目前常被用於數位相機的記憶體、隨身碟、MP3 隨身聽、PDA 等產品中。

三、FPGA 可程式邏輯元件

在PLD中容量最高最複雜的就屬FPGA (Field Programmable Gate Array，現場可程式閘陣列)，而 Xilinx 公司則是 FPGA 的發明者；其實 FPGA 就是在一顆超大型積體電路(VLSI) 中，均勻地配置了一大堆的可配置的邏輯區塊(CLB,Configurable Logic Block)，每個CLB都擁有基本的組合邏輯和順序邏輯電路，而且在每個CLB和 CLB 之間均勻地配置一大串的可程式配線，只要控制這些配線就可以將一個個單獨的 CLB 組合成複雜的大型電路；最後再利用分佈於外圍的可程式輸入輸出區塊(IOB, Input/Output Block)，提供 FPGA 和外部電路的界面，如圖 4-58 所示。

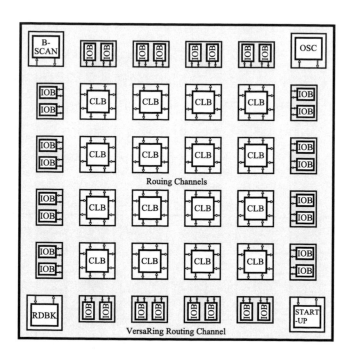

圖 4-58 基本的 FPGA 方塊圖(摘自 Xilinx 公司資料手冊)

　　FPGA 由於使用 SRAM(Static Random Access Memory) 來組成查表(LUT，Look Up Table) 的結構[註]，所以當電源喪失時，FPGA 中的資料(電路的組態)隨之消失。通常在使用 FPGA 時，都是將電路的組態資料另行儲存在 EEPROM、Flash ROM 等裝置內；每當電源重新來臨時，才能再將電路的組態資料重新載入(load)至 FPGA 中，使 FPGA 正常運作。

註：1. 查表(LUT)：其實就可程式化組態記憶體的結構；FPGA 中多使用 4 輸入的 LUT，每一個 LUT 可以看成一個有 4 位元位址線的 RAM(16x1 bits)。當設計者透過圖形或硬體描述語言來設計一個邏輯電路時，FPGA 的開發軟體會自動計算該邏輯電路所有可能的結果，並把結果事先寫入 RAM 中；如圖(1)與表(1)所示，每當輸入一個訊號進行邏輯運算時，如同輸入一個位址進行查表，就可以得到相對應的輸出。

　　2. SRAM 靜態隨機存取記憶體，是一種可以隨時寫入與讀出資料的記憶體，其特性為------當電源消失時，SRAM 所儲存的資料亦會消失，而 SRAM 之基本記憶細胞為正反器(FF，Flip Flop)，由於資料的存取速度快，所以廣泛作為快取記憶體(cache memory)、電腦週邊裝置(硬碟、光碟、印表機......等)的資料緩衝(data buffer)記憶體。

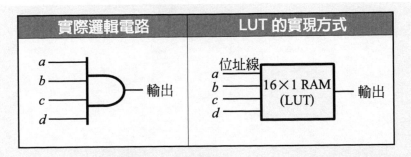

圖(1)

表(1)

a, b, c, d 輸入	邏輯輸出	位址線	RAM 中儲存的內容
0000	0	0000	0
0001	0	0001	0
⋮	⋮	⋮	⋮
1111	1	1111	1

　　不同廠家對 CPLD/FPGA 的定義不盡相同，但通常將基於查表(LUT)結構具 SRAM 記憶方式，需外掛配置 ROM 的 PLD 稱為 FPGA；而基於乘積項結構，具 Flash ROM 記憶方式的 PLD 則稱為 CPLD。

　　至於有關 CPLD/FPGA 的設計，需要專門的課程來探討，如圖 4-59 所示為一個兩輸入 NAND 閘的電路圖與硬體描述語言(VHDL 與 Verilog HDL)程式，僅供讀者參考。通常電路圖的方式較適合初學者，但卻不足應付日漸複雜且在短時間內必須完成的電路，唯有硬體描述語言才是未來的趨勢哦！

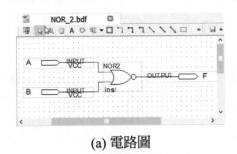

(a) 電路圖

圖 4-59　二種 CPLD/FPGA 的設計方式

```
NOR_2.vhd
1  library ieee ;
2  use ieee.std_logic_1164.all ;
3  use ieee.std_logic_unsigned.all ;
4  use ieee.std_logic_arith.all ;
5  --***************************
6  entity NOR_2 is
7  port ( A,B : in std_logic ;
8          Y   : out std_logic ) ;
9  end NOR_2 ;
10 --***************************
11 architecture Arch of NOR_2 is
12 begin
13      Y <= not(A or B) ;
14 end Arch  ;
```

(b) VHDL程式

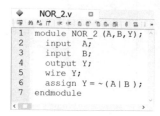

(c) Verilog程式

圖 4-59　二種 CPLD/FPGA 的設計方式(續)

▣ 4-11　應用實例介紹

本節將儘量應用前面所學內容，再依據 4-1 節『組合邏輯電路設計步驟』來設計完成所需的電路。

例題 13

試設計一個具有兩輸入(A、B)的比較電路，並以共陽極七段顯示器顯示，

(1) 當電路兩輸入 $AB = 00$ 或 11 時，共陽極七段顯示器顯示『E』，表示 A、B 兩輸入相等。

(2) 當電路兩輸入 $AB = 01$ 時，共陽極七段顯示器顯示『L』，表示 A 輸入小於 B 輸入。

(3) 當電路兩輸入 $AB = 10$ 時，共陽極七段顯示器顯示『H』，表示 A 輸入大於 B 輸入。

解

(1) 由於電路使用共陽極七段顯示器來顯示，所以電路的輸出分別為 a、b、c、d、e、f、g。

(2) 依題意列出電路的真值表

輸入		輸出							顯示
A	B	a	b	c	d	e	f	g	
0	0	0	1	1	0	0	0	0	E
0	1	1	1	1	0	0	0	1	L
1	0	1	0	0	1	0	0	0	H
1	1	0	1	1	0	0	0	0	E

(3) 真值表求得輸出$(a \sim g)$的最簡布林函數

$a(A,B) = \overline{A}\,B + A\overline{B} = A \oplus B$

$b(A,B) = \overline{A}\,\overline{B} + \overline{A}\,B + AB = \overline{A} + B$

$c(A,B) = \overline{A}\,\overline{B} + \overline{A}\,B + AB = \overline{A} + B$

$d(A,B) = A\overline{B}$

$e(A,B) = 0$

$f(A,B) = 0$

$g(A,B) = \overline{A}\,B$

(4) 依輸出$(a \sim g)$最簡布林函數，畫出組合邏輯電路圖

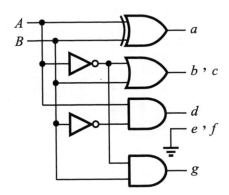

小常識

1. 七段顯示器各段編號排列為

2. 欲使共陽極七段顯示器發亮，該段應接低電位(Low)，且要串接限流電阻。

例題 14

如圖(1)所示為水塔水位的偵測電路，塔內水位的狀態以共陽極七段顯示器來顯示，組合邏輯電路功用如下：

(1) 當水位低於 "L_1" 位置($ABC=111$)時，表示水塔內的水是空的，顯示『E』

(2) 當水位達到 "L_1" 位置($ABC=110$)時，表示水塔內的水是低水位，顯示『L』

(3) 當水位達到 "L_2" 位置($ABC=100$)時，表示水塔內的水是高水位，顯示『H』

(4) 當水位達到 "L_3" 位置($ABC=000$)時，表示水塔內的水是滿水位，顯示『F』

試設計其組合邏輯電路？

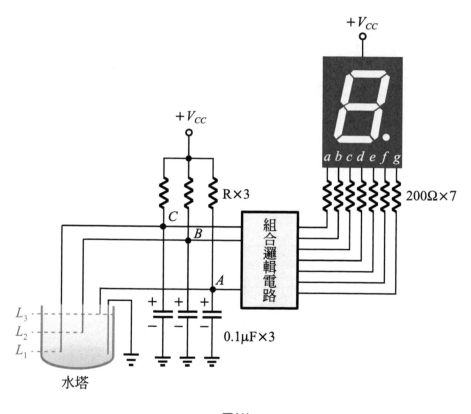

圖(1)

(1) 依題意說明及電路，列出組合邏輯電路的真值表，其中$ABC=101$、011、010及001的狀態，由於不存在(不會發生)，故以隨意項(或不考慮項)處理。

數值	輸入			輸出							顯示
	A	B	C	a	b	c	d	e	f	g	
7	1	1	1	0	1	1	0	0	0	0	E
6	1	1	0	1	1	1	0	0	0	0	L
5	1	0	1	×	×	×	×	×	×	×	
4	1	0	0	1	0	0	1	0	0	0	H
3	0	1	1	×	×	×	×	×	×	×	
2	0	1	0	×	×	×	×	×	×	×	
1	0	0	1	×	×	×	×	×	×	×	
0	0	0	0	0	1	1	1	0	0	1	F

(2) 由真值表求得輸出(a～g)的最簡布林函數

$a(A, B, C) = \Sigma(4, 6) + d(1, 2, 3, 5) = A\overline{C}$

A \ BC	00	01	11	10
0		×	×	×
1	1	×		1

$b(A, B, C) = \Sigma(0, 6, 7) + d(1, 2, 3, 5) = \overline{A} + B$

$c(A, B, C) = \Sigma(0, 6, 7) + d(1, 2, 3, 5) = \overline{A} + B$

A \ BC	00	01	11	10
0	1	×	×	×
1		×	1	1

$$d(A, B, C) = \Sigma(0,4) + d(1,2,3,5) = \overline{B}$$

A \ BC	00	01	11	10
0	1	×	×	×
1	1	×		

$$e(A, B, C) = 0$$

$$f(A, B, C) = 0$$

$$g(A, B, C) = \Sigma(6) + d(1,2,3,5) = B\overline{C}$$

A \ BC	00	01	11	10
0		×	×	×
1		×		1

(3) 依輸出$(a \sim g)$最簡布林函數，畫出組合邏輯電路圖

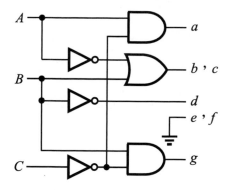

小常識

1. 電路中的小電容在於避免雜訊干擾(水塔注入水時可能產生噴濺)。
2. 水塔滿水位時，水位偵測棒由於水產生短路現象，故$ABC = 000$；
   而水塔沒水時，$ABC = 111$(水位偵測棒沒有水可以導電接地)

一、選擇題

_____ 1. 設以 A、B 兩個符號代表輸入，以 S 代表和，C 代表進位，下列有關於半加器(Half-Adder)的敘述何者錯誤？

(A)$S = \overline{A}B + A\overline{B}$　(B)$C = AB$　(C)只能做二位元的相加　(D)當兩個輸入均爲 1 時，$S = 1$。

_____ 2. 假如 X、Y 和 Z 是爲全加器的輸入端，那麼進位輸出端的布林式爲

(A)$X + Y + Z$　(B)$XY + XZ + YZ$　(C)$X \cdot Y \cdot Z$　(D)$X \oplus Y \oplus Z$。

_____ 3. 圖(1)爲圖(2)中解碼器的眞值表，其輸出函數 $F(A，B，C)$ 經化簡後爲：

(A)$CBA + CB\overline{A} + C\overline{B}A + C\overline{B}\,\overline{A}$　(B)$CB + C\overline{A}$　(C)$AB + B\overline{C}$　(D)$\overline{C}$。

眞值表

C	B	A	Q_0	Q_1	Q_2	Q_3	Q_4	Q_5	Q_6	Q_7
0	0	0	1	0	0	0	0	0	0	0
0	0	1	0	1	0	0	0	0	0	0
0	1	0	0	0	1	0	0	0	0	0
0	1	1	0	0	0	1	0	0	0	0
1	0	0	0	0	0	0	1	0	0	0
1	0	1	0	0	0	0	0	1	0	0
1	1	0	0	0	0	0	0	0	1	0
1	1	1	0	0	0	0	0	0	0	1

圖(1)

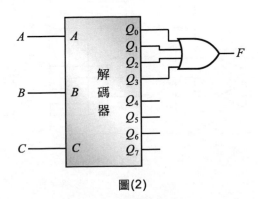

圖(2)

_____ 4. 如圖(3)所示之 7447 IC組合電路中，七段顯示器顯示的數值為何？
(A)3　(B)5　(C)6　(D)9。

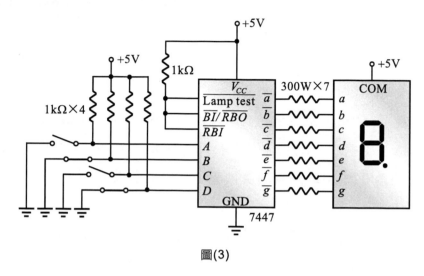

圖(3)

_____ 5. 共陽極的七段顯示器，若在 a，b，d，e，g 等引線腳上加低電壓，而共陽極接高電壓，顯示的圖形為：(A)⌐　(B)ᒾ　(C)⌐　(D)ᒲ。

_____ 6. 如圖(4)之電路，下列敘述何者錯誤？　(A)若 $E = 1$，則所有的輸出均為 1　(B)若 $E = 0$，$A = 1$，$B = 0$，則除 $Y_2 = 0$ 外，其餘輸出均為 1　(C)若 $E = 0$，$A = 0$，$B = 1$，則除 $Y_1 = 0$ 外，其餘輸出均為 1　(D)該電路為編碼器(encoder)。

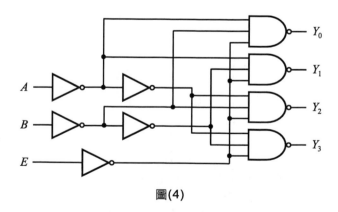

圖(4)

____7. 若按下(接通)圖(5)中編號"6"開關。則輸出端 DCBA 會顯示何種

BCD 碼？ (A)1001 (B)0110 (C)1000 (D)0001。

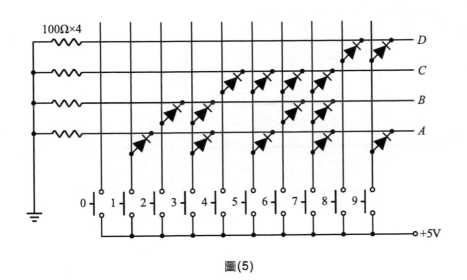

圖(5)

____8. 若圖(6)電路中的 $E = 0$，$S = 0$，則

(A)$Y_1 Y_2 = A_1 A_2$ (B)$Y_1 Y_2 = B_1 B_2$ (C)$Y_1 Y_2 = 11$ (D)$Y_1 Y_2 = 00$。

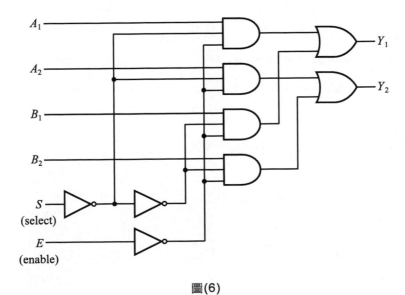

圖(6)

本章習題

____ 9. 圖(7)所示電路為四位元的多工器電路，其中 A、B、C、D 為輸入端
而 X、Y 為選擇端，則當 $X = 1$ 且 $Y = 0$ 時，$Z =$
(A)A　(B)B　(C)C　(D)D。

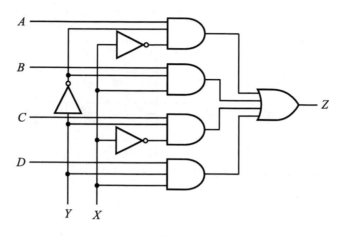

圖(7)

____ 10. 下列敘述何者不正確？

(A)多工器的輸出可以有 4 個　　(B)多工器的輸入可以有 8 個

(C)解多工器的輸出可以有 4 個　(D)解多工器的輸出可以有 8 個。

____ 11. 如圖(8)所示電路，下列何者錯誤？

(A) $S_0 = 0$ 與 $S_1 = 0$ 時，$D_0 = \overline{I}$

(B) $S_0 = 0$ 與 $S_1 = 1$ 時，$D_2 = \overline{I}$

(C) $S_0 = 1$ 與 $S_1 = 1$ 時，$D_3 = \overline{I}$

(D)該電路是多工器(multiplexer)。

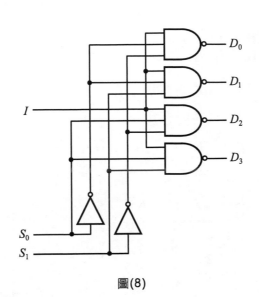

圖(8)

_____ 12.設有一布林函數 $f(x，y，z)=\bar{x}\bar{y}\bar{z}+\bar{x}\bar{y}z+x\bar{y}\bar{z}+x\bar{y}z$，使用 4×1 多工
器來製作此函數，下列何者正確？

(A)

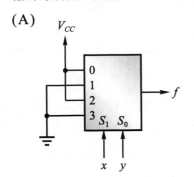

(B)

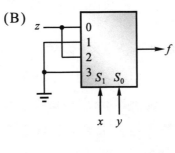

(C)

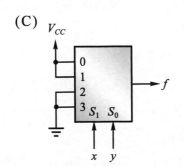

(D)

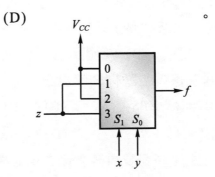

____13. 對於圖(9)所示之組合邏輯

①$A > B$時，$f_1 = 1$(其餘為 0)

②$A = B$時，$f_2 = 1$(其餘為 0)

③$A < B$時，$f_3 = 1$(其餘為 0)；則其邏輯方程式 $f_1 =$

(A)$\overline{A}B$ (B)$\overline{A}\,\overline{B} + AB$ (C)$A\overline{B}$ (D)$A + B$。

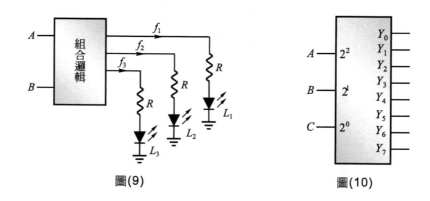

圖(9)   圖(10)

____14. 如圖(10)所示為 3×8 解碼器，當輸入 $ABC = 100$ 時，則其輸出為：

(A)$Y_0 = 1$ (B)$Y_4 = 1$ (C)$Y_5 = 1$ (D)$Y_7 = 1$。

____15. 採用奇同位(odd parity)錯誤偵試法傳送 7 位元資料，以下為接收到的各筆資料；何者可確知在傳送中有錯誤發生？

(A)11100000   (B)10110000   (C)10001111   (D)10101010。

____16. 由 1 線對 4 線的解多工器來組合完成 1 線對 32 線的解多工器功能，則最少需要多少個 1 線對 4 線的解多工器？

(A) 12 個   (B) 11 個   (C) 10 個   (D) 8 個。

____17. 二對一線多工器有 Z 輸出和 A、B 兩資料輸入，其選擇輸入為 S，則

(A)$Z = AS + BS$ (B)$Z = (A + S)(B + S)$

(C)$Z = AS + B\overline{S}$ (D)$Z = A\overline{S} + \overline{B}S$。

____18. 一個具有 36 條資料輸入線之多工器(MUX)，至少需要用幾條選擇線？

(A)5   (B)6   (C)12   (D)18   條。

_____ 19. 74LS138 是一顆幾對幾的解碼器？

(A)1 對 4　(B)2 對 8　(C)3 對 8　(D)2 對 4。

_____ 20. 某一解碼器的輸出端共有 64 種不同的組合則其輸入端應有幾個輸入線？　(A)64　(B)32　(C)6　(D)4。

二、設計與繪圖題

1. 某一公司，其股東共有 4 人(分別以 A、B、C、D 代表)，每人各擁有的股份分別為——A 有 40％、B 有 30％、C 有 20％、D 有 10％；若遇公司重要決策時，則以過(含)60％的股份為贊成，低於 60％股份為反對，設計此一表決電路。

(提示：類似於三人表決器，只不過 $A + B + C + D$ 要大於或等於 60％)

2. 設有一減法器，它能執行三個 1 位元的二進位數相減(即 $X_i - Y_i - B_i$)，其真值表如下，試設計出此一減法電路(常稱為全減器)。

輸入			輸出	
被減數	減數	前一位元借位	差	借位
X_i	Y_i	B_i	D_i	B_o
0	0	0	0	0
0	0	1	1	1
0	1	0	1	1
0	1	1	0	1
1	0	0	1	0
1	0	1	0	0
1	1	0	0	0
1	1	1	1	1

3.　如圖(11)所示為一個兩位元的比較器，設其 A、B 輸入的波形時序如圖 (12)所示，則其輸出端 f 波形為何？(註：當 $A = B$ 時，$f = 1$)

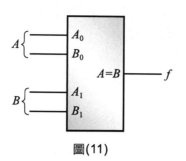

圖(11)

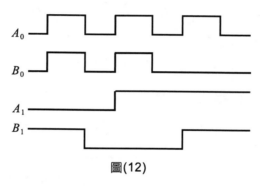

圖(12)

4.　簡述使用可程式邏輯元件(PLD)的優點。

5

正反器

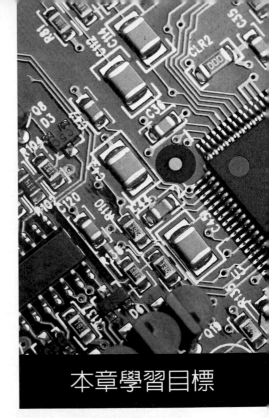

本章開始進入數位邏輯的另一個領域——循序邏輯電路，首先介紹的閂鎖器與防彈跳電路，接著介紹的正反器可能會讓人覺得頭昏眼花，因為種類型式還真不少，不過，當讀者與它們 "混熟" 之後，在學習下一章節內容時，就能享受繽紛有趣且多變的電路 (計數器、移位暫存器……)。

本章學習目標

- ■ 1. 循序邏輯電路概念及正反器簡介
- ■ 2. RS 閂鎖器及防彈跳電路
- ■ 3. RS 正反器、D 型正反器及 JK 正反器
- ■ 4. 正反器激勵表及互換

▣ 5-1　循序邏輯電路概念及正反器簡介

一、循序邏輯電路概念

　　數位邏輯電路依其運作方式，可分為組合邏輯 (combinational logic) 電路與循序邏輯 (sequential logic) 電路兩種，在前一章中陸續介紹有關組合邏輯的電路 (如半加器、全加器、編碼器、解碼器、多工器、解多工器及比較器…等等)，相信讀者對於**組合邏輯電路的特性 (它的輸出只與當時的輸入信號有關，所以為一無記憶性電路)** 一定不陌生，接著就讓我們來進入數位邏輯電路的另一個世界——循序邏輯電路。

　　循序邏輯 (也常稱為時序邏輯或順序邏輯) 電路對於數位邏輯電路的重要性，有如在無聲的黑白電影添上聲音與彩色——使其變得繽紛有趣且多樣；循序邏輯電路可謂變化萬千，從基本的正反器 (FF, Flip Flop)、計數器 (counter)、記憶體 (memory) 到複雜的電腦 (computer)，在在都有其影子。**所謂的循序邏輯電路，除了具有組合邏輯電路外，尚有記憶功能，所以為一有記憶的電路；它的輸出除了與當時的輸入信號有關外，還受記憶電路所處的狀態影響，而記憶電路的狀態，則是由先前輸入信號所決定；換句話說——循序邏輯電路的輸出，不僅由目前輸入信號所決定，且還受到時間因素的影響；**如圖 5-1 所示兩圖皆為循序邏輯電路的方塊圖，兩者差異在於輸出位置的不同。

圖 5-1　循序邏輯電路的方塊圖

二、正反器簡介

　　數位邏輯電路兩種最常用的元件分別為邏輯閘與正反器，而正反器正是循序邏輯電路中基本的記憶元件；由於**正反器主要是由一個雙穩態 (bi-stable) 多諧振盪器所組成，**所以它有兩個輸出端，彼此以相反的穩定狀態輸出，如圖 5-2 所示即為正反器的符號，Q 輸出端的狀態恆為 $\overline{Q}$ 輸出端的反相 (或補數)；正反器有一個或一個以上的輸入端，從輸入端輸入的訊號可能造成正反器改變輸出狀態，當某一輸入訊號造成正反器進入某種輸出狀態時，正反器就會一直停留在該狀態 (即使該輸入訊號已經終止了)，直到下一個輸入訊號來臨時，才有可能再度致使正反器進入另一種輸出狀態，這種具有『記憶』的特性就是正反器最大的特點。正反器在數位邏輯電路中，常見的主要功用有下列幾種：

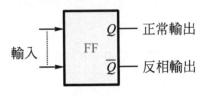

圖 5-2　正反器的符號

1. 儲存資料 (記憶體)。
2. 計數／計時 (計數器)。
3. 改變資料的型式，如串列、並列的變換 (移位暫存器)。
4. 組成控制電路控制其他元件或裝置。

常見的正反器有 *RS* 正反器 (亦稱為 *SR* 正反器)、*JK* 正反器及 *D* 型正反器，不論何種型式的正反器，其內部皆有一共同的結構，即 *RS* 閂鎖器 (latch，或稱栓鎖器、電門)；以下就讓我們從 *RS* 閂鎖器開始介紹吧！

■ 5-2　*RS* 閂鎖器及防彈跳電路

一、*RS* 閂鎖器

RS 閂鎖器的基本結構可以用兩個 NOR 閘來完成，如圖 5-3 所示為一般常見的 *RS* 閂鎖器的電路、符號與真值表[註1]，其中輸入端分別為 *R* (重設，reset) 及 *S* (設定，set)，而輸出端則為 Q 與 $\overline{Q}$；依其輸出的狀態可分為下列 4 種情況：

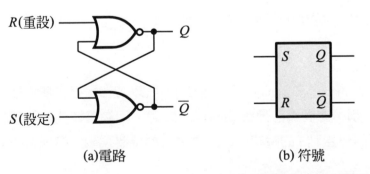

輸入		輸出
S	R	Q_{n+1}
0	0	Q_n
0	1	0
1	0	1
1	1	✕

(a)電路　　　　　　　(b) 符號　　　　　　　(c) 真值表

圖 5-3　NOR 閘組成的 *RS* 閂鎖器

1. 當輸入端 $S = 0$、$R = 0$ 時，*RS* 閂鎖器的下一個狀態 (Q_{n+1}) 與先前的狀態 (Q_n) 相同，即輸出不變，有時以 NC (no change) 表示。

2. 當輸入端 $S = 0$、$R = 1$ 時，不論 RS 閂鎖器原先的輸出狀態爲何，輸出端 Q 都會變爲 0。

3. 當輸入端 $S = 1$、$R = 0$ 時，不論 RS 閂鎖器原先的輸出狀態爲何，輸出端 Q 都會變爲 1。

4. **當輸入端 $S = 1$、$R = 1$ 時，將造成 $Q = 0$、$\overline{Q} = 0$ 的不合理情況** (因爲在定義上，Q 恆爲 $\overline{Q}$ 的反相)，故爲不允許的輸入狀態，此情況常稱爲競賽 (race)[註2]。

註：
1. 眞值表 (或稱特性表 characteristic table) 中『＊』表示不允許輸入的狀態；Q_n 稱爲目前狀態 (present state)，Q_{n+1} 則爲 Q_n 的下一狀態 (next state)；另外，符號中 R、S 輸入的位置可互換。
2. race 即 Q 與 $\overline{Q}$ 相互競爭變成某一種狀態，實際上，在制式 IC 電路中是不會造成 $Q = \overline{Q}$ 的情況。

此外，RS 閂鎖器當然也可以由兩個 NAND 閘所組成，如圖 5-4 所示爲其電路、符號與眞值表；由眞值表中可知——當輸入端 $R = 0$、$S = 0$ 時，將造成 Q 與 $\overline{Q}$ 同時爲 1 的不合理情況，故亦爲不允許的輸入狀態。**RS 閂鎖器主要用於消除機械接點的彈跳 (bounce) 現象，以避免對電子電路產生錯誤動作。**

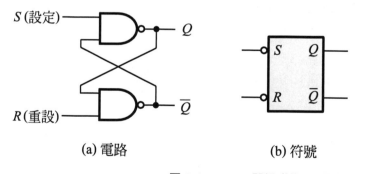

	輸入	輸出
S	R	Q_{n+1}
0	0	＊
0	1	1
1	0	0
1	1	Q_n

(a) 電路　　　　　　　　(b) 符號　　　　　　　(c) 眞值表

圖 5-4　NAND 閘組成的 RS 閂鎖器

二、防彈跳電路

由於數位電路的動作速度非常快 (常以 ns 爲計算單位)，所以若在電路中使用機械式的開關 (sw, switch) 時，就必須考慮開關的彈跳 (bounce) 問題，**因爲機械式的開關在轉換狀態 (由某一接點投擲至另一接點) 的瞬間，會產生多次的彈跳現象，造成電路的錯誤輸出。**

如圖 5-5 所示的電路，當開關的位置由 A 點投擲至 B 點 (開關內部的金屬簧片撞擊 B 點的金屬接點) 時，雖然投擲後開關內部有彈簧的慣性支撐，但是一開始在硬碰硬 (金

屬碰金屬) 的情況下，仍會產生多次的彈跳現象，此一過度的現象雖只有幾個毫秒 (ms) 而已，但對數位電路而言，如同輸入多個脈波 (pulse) 的情況，所以當機械式開關的訊號要輸入數位電路時，通常都會先經過『**防彈跳 (debounce)**』的作用，以確保數位電路能獲得正確的輸入訊號。

　　常見的防彈跳方法有兩種，一為軟體方式──以延遲讀取的方法，來取得正確的輸入資料，常用於眾多輸入按鍵的地方，例如電腦鍵盤的資料 (掃描碼) 讀取，另一則為**硬體方式**──以防彈跳電路，來取得正確的輸入資料；以下就針對硬體方式的防彈跳電路來介紹。

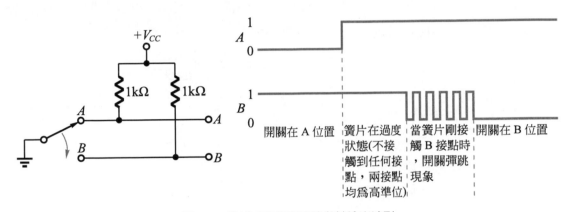

圖 5-5　機械式的開關電路與其輸出波形

　　如圖 5-6 所示為利用 RS 閂鎖器組成防彈跳電路與其輸入輸出波形的時序圖，不論開關 (SW) 由 A 的位置切換至 B 的位置，或由 B 的位置切換至 A 的位置，皆可由 RS 閂鎖器來消除機械開關所產生的彈跳，也就是──不論在 Q 或 $\overline{Q}$ 的輸出波形皆不會有開關的彈跳現象。

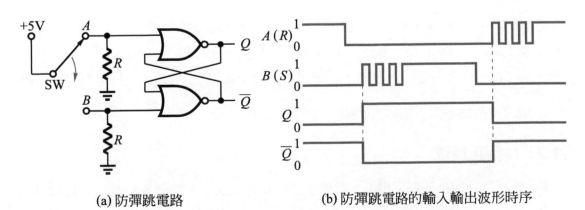

(a) 防彈跳電路　　　　　　(b) 防彈跳電路的輸入輸出波形時序

圖 5-6　利用 RS 閂鎖器 (NOR 閘組成) 來消除開關的彈跳

■ 5-3　*RS* 正反器、*D* 型正反器及 *JK* 正反器

正反器 (flip flop, 常以 FF 表示) 與門鎖器的差別在於有否時鐘脈波 (clock pluse) 輸入端 (簡稱『時脈』，常以 *CK*、*CLK* 或 *CP* 表示，用於控制正反器在某一個時間才動作)。也就是正反器因為有時脈 (*CK*) 輸入端，所以可以使數千或數萬個正反器同步動作，數位電路因而變得繽紛多樣。

5-3-1　*RS* 正反器

如圖 5-7 所示為 *RS* 正反器的電路、真值表及符號，由於電路主要是 *RS* 門鎖器所組成的，所以仍有不允許輸入的狀態，其動作情形如下：

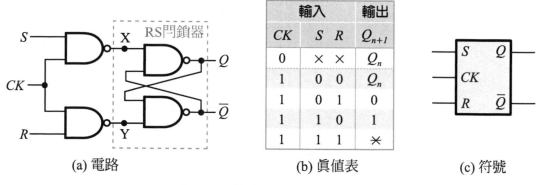

(a) 電路　　　　　　　(b) 真值表　　　　　　(c) 符號

圖 5-7　*RS* 正反器 (高態動作)

1. 當時脈 *CK* = 0 (正反器不動作) 時，不論 *R*、*S* 輸入何值，由於 *X*、*Y* 皆為 1，所以輸出 *Q* 不變 (即 $Q_{n+1} = Q_n$)。
2. 當 *CK* = 1 (正反器動作)、*S* = 0、*R* = 0 時，由於 *X* = 1、*Y* = 1，所以輸出 *Q* 不變 (即 $Q_{n+1} = Q_n$)。
3. 當 *CK* = 1、*S* = 0、*R* = 1 時，由於 *X* = 1、*Y* = 0，所以輸出 *Q* = 0。
4. 當 *CK* = 1、*S* = 1、*R* = 0 時，由於 *X* = 0、*Y* = 1，所以輸出 *Q* = 1。
5. 當 *CK* = 1、*S* = 1、*R* = 1 時，由於 *X* = 0、*Y* = 0，將造成輸出 (Q、$\overline{Q}$) 同時為 1 的情況，故為不允許的輸入狀態。

5-3-2　*D* 型正反器

將 *RS* 正反器加上一個反相器，就可以形成 *D* 型正反器，如圖 5-8 所示，其動作情形如下：

1. 當時脈 $CK = 0$ 時，不論 D 輸入為何值，由於 X、Y 皆為 1，所以輸出不變 (即 $Q_{n+1} = Q_n$)。

2. 當 $CK = 1$、$D = 0$ 時，由於 $X = 1$、$Y = 0$，所以輸出 $Q = 0$。

3. 當 $CK = 1$、$D = 1$ 時，由於 $X = 0$、$Y = 1$，所以輸出 $Q = 1$。

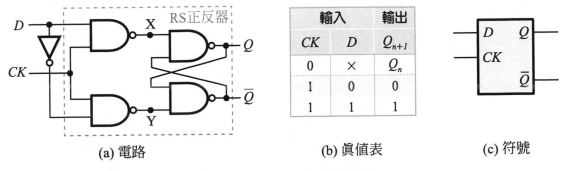

輸入		輸出
CK	D	Q_{n+1}
0	×	Q_n
1	0	0
1	1	1

(a) 電路　　　　　　　　　(b) 真值表　　　　　　　(c) 符號

圖 5-8　D 型正反器 (高態動作)

由上述的動作情形可知，**當時脈 ($CK = 1$) 來臨時，D 型正反器動作，輸出端 Q 的狀態隨著輸入端 D 的狀態作變化**；因此 D 型正反器就如同一個專門暫時儲存從輸入端進來資料的記憶裝置，所以廣泛用於移位暫存器 (shift register)、強生計數器 (Johnson counter) 及資料 (data) 暫存器等電路中。

5-3-3　JK 正反器

JK 正反器可視為 RS 正反器的改良 (不會有 RS 正反器不允許輸入的狀態)，如圖 5-9 所示為 JK 正反器的電路與符號，其中 J、K 輸入端相當於 RS 正反器的 S、R 輸入端，而表 5-1 所示則為其真值表；電路動作情形如下：

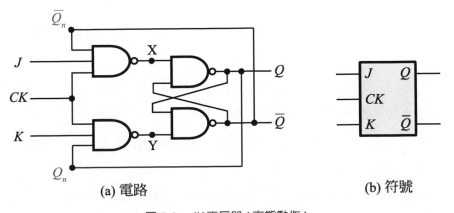

(a) 電路　　　　　　　　　　　　　　　(b) 符號

圖 5-9　JK 正反器 (高態動作)

表 5-1　*JK* 正反器真值表

列數	輸入					輸出
	CK	J	K	Q_n	$\overline{Q_n}$	Q_{n+1}
1	0	×	×	0	1	0
2	0	×	×	1	0	1
3	1	0	0	0	1	0
4	1	0	0	1	0	1
5	1	0	1	0	1	0
6	1	0	1	1	0	0
7	1	1	0	0	1	1
8	1	1	0	1	0	1
9	1	1	1	0	1	1
10	1	1	1	1	0	0

$\Rightarrow Q_n$

$\Rightarrow Q_n$

$\Rightarrow 0$

$\Rightarrow 1$

$\Rightarrow \overline{Q_n}$

簡化 $\Rightarrow$

CK	J	K	Q_{n+1}
0	×	×	Q_n
1	0	0	Q_n
1	0	1	0
1	1	0	1
1	1	1	$\overline{Q_n}$

1. 當時脈 $CK = 0$、輸出 $Q_n = 0$ ($\overline{Q_n} = 1$)，不論 J、K 為何值，由於 X、Y 皆為 1，所以輸出 $Q_{n+1} = Q_n = 0$，如真值表中的第 1 列。

2. 當 $CK = 0$、$Q_n = 1$ ($\overline{Q_n} = 0$)，此時不論 J、K 為何值，由於 X、Y 皆為 1，所以輸出 $Q_{n+1} = Q_n = 1$，如真值表中的第 2 列。

   綜合 1、2 可得：**當 $CK = 0$ 時，輸出 $Q_{n+1} = Q_n$ (即輸出不變，同先前狀態)。**

3. 當 $CK = 1$、$J = 0$、$K = 0$、$Q_n = 0$ ($\overline{Q_n} = 1$) 時，由於 X、Y 皆為 1，所以輸出 $Q_{n+1} = Q_n = 0$，如真值表中的第 3 列。

4. 當 $CK = 1$、$J = 0$、$K = 0$、$Q_n = 1$ ($\overline{Q_n} = 0$) 時，由於 X、Y 皆為 1，所以輸出 $Q_{n+1} = Q_n = 1$，如真值表中的第 4 列。

   綜合 3、4 可得：**當 $CK = 1$、$J = 0$、$K = 0$ 時，輸出 $Q_{n+1} = Q_n$ (即輸出不變，同先前狀態)。**

5. 當 $CK = 1$、$J = 0$、$K = 1$、$Q_n = 0$ ($\overline{Q_n} = 1$) 時，由於 $X = 1$、$Y = 1$，所以輸出 $Q_{n+1} = 0$，如真值表中的第 5 列。

6. 當 $CK = 1$、$J = 0$、$K = 1$、$Q_n = 1$ ($\overline{Q_n} = 0$) 時，由於 $X = 1$、$Y = 0$，所以輸出 $Q_{n+1} = 0$，如真值表中的第 6 列。

   綜合 5、6 可得：**當 $CK = 1$、$J = 0$、$K = 1$ 時，輸出 $Q_{n+1} = 0$。**

7. 當 $CK = 1$、$J = 1$、$K = 0$、$Q_n = 0$ ($\overline{Q_n} = 1$) 時，由於 $X = 0$、$Y = 1$，所以輸出 $Q_{n+1} = 1$，如真值表中的第 7 列。

8. 當 $CK = 1$、$J = 1$、$K = 0$、$Q_n = 1$ ($\overline{Q_n} = 0$) 時，由於 $X = 1$、$Y = 1$，所以輸出 $Q_{n+1} = 1$，如眞值表中的第 8 列。

　　綜合 7、8 可得：**當 $CK = 1$、$J = 1$、$K = 0$ 時，輸出 $Q_{n+1} = 1$。**

9. 當 $CK = 1$、$J = 1$、$K = 1$、$Q_n = 0$ ($\overline{Q_n} = 1$)) 時，由於 $X = 0$、$Y = 1$，所以輸出 $Q_{n+1} = 1$，如眞值表中的第 9 列。

10. 當 $CK = 1$、$J = 1$、$K = 1$、$Q_n = 1$ ($\overline{Q_n} = 0$) 時，由於 $X = 1$、$Y = 0$，所以輸出 $Q_{n+1} = 0$，如眞值表中的第 10 列。

　　綜合 9、10 可得：**當 $CK = 1$、$J = 1$、$K = 1$ 時，輸出 $Q_{n+1} = \overline{Q_n}$ (即輸出恆變，為先前狀態的反相)。**

　　如圖 5-10 所示爲圖 5-9 JK 正反器 (高態動作) 的時序圖 (t_0 時間爲原始狀態，假設 $Q = 1$，不論 J、K 爲何值)，由圖中可更加了解 JK 正反器的特性：

　　在 t_1 時間，由於 $CK = 1$ (高態)、$J = 0$、$K = 1$，所以輸出 $Q = 0$。

　　在 t_2 時間，由於 $CK = 0$ (低態)，不論 J、K 爲何值，輸出 $Q = 0$ (不變)。

　　在 t_3 時間，由於 $CK = 1$、$J = 1$、$K = 0$，所以輸出 $Q = 1$。

　　在 t_4 時間，由於 $CK = 0$，不論 J、K 爲何值，輸出 $Q = 1$ (不變)。

　　在 t_5 時間，由於 $CK = 1$、$J = 1$、$K = 1$，所以輸出 $Q = 0$ (恆變)。

　　接著在 t_7、t_9 的時間，輸出 Q 皆恆變，而在 t_6、t_8 的時間，由於 $CK = 0$，所以輸出 Q 不變。

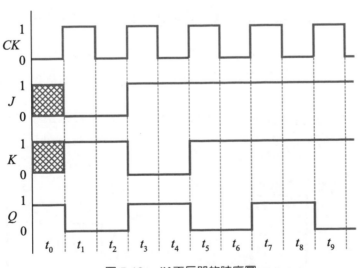

圖 5-10　*JK* 正反器的時序圖

另外，由於前面所介紹的正反器皆爲高態動作 (在時脈 $CK = 1$ 時，正反器將依輸入 J、K 或 S、R 或 D 的狀態作改變)；當時脈頻率較低 (週期較長) 時，就可能發生如圖 5-11 所示的狀況 (在一個時脈週期中，輸出 Q 出現兩種狀態，如圖中的 t_1、t_2 時間與 t_5、t_6 時間)，爲了避免此種情況的發生且能**精準控制正反器在一個時脈週期只能變化一次 (或某個時間點才動作)，『邊緣觸發型正反器』因應而生。**

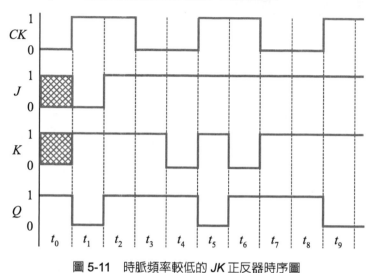

圖 5-11　時脈頻率較低的 *JK* 正反器時序圖

5-3-4　邊緣觸發型正反器

如圖 5-12 所示爲常見邊緣觸發型正反器 (edge triggered flip flop) 時脈 (*CK*) 輸入端的控制方式，在圖 5-12(a) 中表示正反器在時脈由 0 轉態爲 1 的瞬間 (即時脈的『正緣』 positive edge 或『前緣』rising edge，在表格中常以『↑』或『 ⌐ 』表示)，正反器才會動作；而圖 5-12(b) 中則在時脈 (*CK*) 輸入端多一個小圓圈，正反器在時脈由 1 轉態爲 0 的瞬間 (即『負緣』negative edge 或『後緣』falling edge，在表格中常以『↓』或『 ⌐ 』表示)，正反器才會動作。

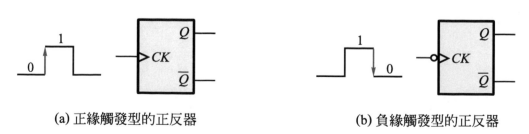

(a) 正緣觸發型的正反器　　　　　　(b) 負緣觸發型的正反器

圖 5-12　邊緣觸發型正反器

　　由於循序邏輯的電路，通常需要預先設定 (預設，preset) 或清除 (clear) 輸出狀態的功能，所以，**典型的正反器通常都有『預設』(常以 PR 表示，使 $Q = 1$ 的功能) 及『清除』(常以 CLR 表示，使 $Q = 0$ 的功能) 兩個控制輸入端，且皆以準位 (高態或低態) 動作方式，如圖 5-13 所示為具有預設與清除控制功能的正反器，其中在圖 5-13(b) 的 PR 與 CLR 輸入端皆有一個小圓圈，所以為低態 (邏輯 0) 動作。在正反器的所有輸入端中，PR 與 CLR 兩者具有最高的優先控制權。**

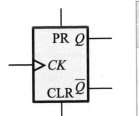

輸入		輸出
PR	CLR	Q_{n+1}
0	0	Q_n
0	1	0
1	0	1
1	1	✕

(a) PR、CLR 高態動作的正反器

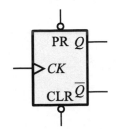

輸入		輸出
PR	CLR	Q_{n+1}
0	0	✕
0	1	1
1	0	0
1	1	Q_n

(b) PR、CLR 低態動作的正反器

圖 5-13　預設與清除控制輸入端的功能

一、RS 正反器

　　如圖 5-14 所示為完整的正緣觸發型的 *RS* 正反器符號、真值表與時序圖，不過，在實際的應用電路上，常省略不用的輸入／輸出端。

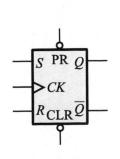

輸入					輸出
PR	CLR	*CK*	*S*	*R*	Q_{n+1}
0	0	✕	✕	✕	✕
0	1	✕	✕	✕	1
1	0	✕	✕	✕	0
1	1	↑	0	0	Q_n
1	1	↑	0	1	0
1	1	↑	1	0	1
1	1	↑	1	1	✕

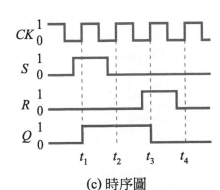

(a) 符號　　　　　　　(b) 真值表　　　　　　　(c) 時序圖

圖 5-14　正緣觸發型的 *RS* 正反器

二、D 型正反器

如圖 5-15 所示爲負緣觸發型的 D 型正反器的符號、眞值表與時序圖，其特性爲——當 $D = 0$ 且時脈 (CK) 的負緣來臨時，Q 輸出端就變爲 0，反之，當 $D = 1$ 且時脈的負緣來臨時，Q 輸出端就變爲 1。

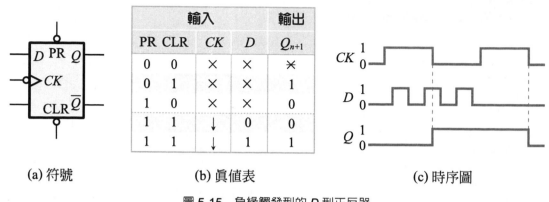

(a) 符號	(b) 眞値表	(c) 時序圖

圖 5-15　負緣觸發型的 D 型正反器

三、JK 正反器

如圖 5-16 所示爲負緣觸發型 JK 正反器的符號、眞值表與時序圖；與 **RS 正反器最大的不同是當 $J = 1$、$K = 1$ 且時脈 (CK) 的負緣來臨時，Q 輸出端的狀態恆爲原來狀態的反相**，稱爲恆變或反轉 (toggle)，而其餘的情況則皆與 RS 正反器相同。

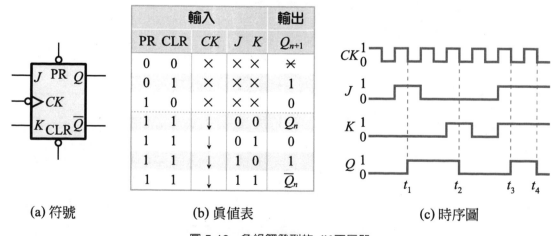

(a) 符號	(b) 眞値表	(c) 時序圖

圖 5-16　負緣觸發型的 JK 正反器

JK 正反器由於沒有 RS 正反器的競賽情況，且有二個輸入控制端 (J、K)，在設計與控制上較爲方便，所以常應用於計數電路中。

　　學習瞭解不同種類的正反器之後，最後再來介紹一些關於正反器的暫態特性。IC 製造商在其相關的資料手冊中都會詳列一些正反器的暫態特性，當正反器被應用於較高頻 (或高速) 的電路時，這些暫態特性就必須加以考慮，常見的正反器特性參數如下：

1.　**傳遞延遲時間**

　　　　不論是邏輯閘或是正反器，**當信號輸入到輸出產生改變，兩者的時間差稱為**『**傳遞延遲 (propagation delay) 時間** t_d，或 t_p』，如圖 5-17 所示；其中 t_{dLH} 表示輸出從低態轉高態的傳遞延遲時間，而 t_{dHL} 表示輸出從高態轉低態的傳遞延遲時間，不論 t_{dLH} 或 t_{dHL} 值均定義在輸入 / 輸出波形電壓值的 50% 處所測得的時間。

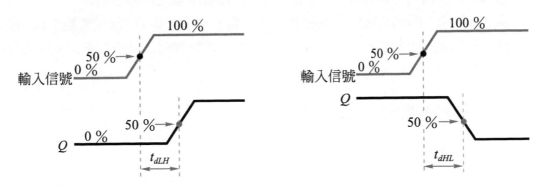

(a) 輸出由 0 到 1 的傳遞延遲時間　　　　　(b) 輸出由 1 到 0 的傳遞延遲時間

圖 5-17　邏輯閘或正反器的傳遞延遲時間

　　　　通常，廠商標示的為其最大值，由於兩者並不相等，所以一般所說的傳遞延遲時間是取兩者的平均值，即 $t_d = \dfrac{t_{dLH} + t_{dHL}}{2}$ ，而此 t_d 值 (ns 為單位) 是決定邏輯閘的工作頻率或正反器時鐘脈波頻率 (clock) 最大值的主要因素。

2.　**設置時間與保持時間**

　　　　若要使正反器能正確依輸入資料作改變，則所輸入的資料在時序上必須符合兩個條件，一為『設置時間 (t_s，setup time)』，另一為『保持時間 (t_h，hold time)』，如圖 5-18 所示說明兩者的時間順序與關係。

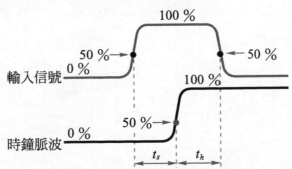

圖 5-18　正反器的設置時間與保持時間

由於電路 (正反器) 的輸入端多少會有雜散電容的存在，當信號輸入時，需經過一段時間之後，才能達到穩定的狀態，所以，若欲獲得正確的輸出信號，則輸入信號必須較時鐘脈波 (clock) 早一點到達才可以；這早一點的最小時間就稱為『設置時間 t_s』，也就是——輸入信號必須較時鐘脈波的正緣 (或負緣) 提早到達的最小時間。

另外，由於資料的輸入必須維持一定長的時間，才能使電路內部的電晶體有足夠時間去改變狀態，所以，輸入資料在時鐘脈波正緣 (或負緣) 觸發後，仍要保持一段時間才能改變，這段時間稱為『保持時間 t_h』。若資料手冊上註明某一廠牌的正反器的 t_s 為 15ns，而 t_h 為 5ns 時，即表示輸入資料必須在時鐘脈波的正緣 (或負緣) 到達前 15ns 出現在資料輸入端上，且必須在時鐘脈波的正緣 (或負緣) 消失後，至少還要再保持 5ns 以上，如此才能確保正反器可正確依輸入資料作改變。

5-4 正反器激勵表及互換

一、正反器激勵表

正反器的激勵表 (excitation table) 在循序邏輯電路設計中非常重要，因為**利用激勵表可以讓正反器依照設計所需來輸出預期結果 (狀態)**。激勵表與真值表 (truth table) 不同，**激勵表是描述正反器的四種轉態輸出 (即由 0 → 0、0 → 1、1 → 0、1 → 1) 情況下，所需要的輸入信號 (激勵信號)**；而真值表 (truth table) 則是利用表格方式，列出所有輸入變數的組合，再依據輸入變數與輸出函數間的運算定義，得到輸出函數的結果。

不過，真值表與激勵表還是有關連的，因激勵表可由真值表中獲得。以下分別介紹 RS 正反器、D 型正反器及 JK 正反器的激勵表。

1. RS 正反器的激勵表

如圖 5-19 所示，將 RS 正反器的真值表擴展 (由於 Q_n 有 0 與 1 兩種狀態)，之後，再將 S、R 與 Q_n、Q_{n+1} 位置互換，以利形成激勵表的方式。

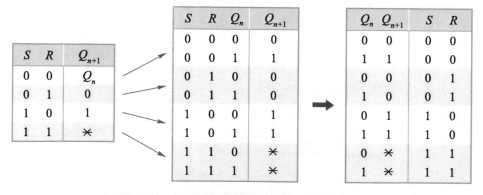

圖 5-19 *RS* 正反器真值表的擴展與位置互換

將已互換位置的真值表依據 $Q_nQ_{n+1} = 00 \cdot 01 \cdot 10 \cdot 11$ 方式排列，並刪除不可輸入的 $S \cdot R$ 狀態 $(SR = 11)$，經過分析即可獲得 SR 正反器的激勵表，如圖 5-20 所示。因為

1. 當 $Q_n = 0$，若欲使 $Q_{n+1} = 0$ (Q_n 的下一狀態)，只要 $S = 0$ 即可。
2. 當 $Q_n = 0$，若欲使 $Q_{n+1} = 1$，只要 $SR = 10$ 即可。
3. 當 $Q_n = 1$，若欲使 $Q_{n+1} = 0$，只要 $SR = 01$ 即可。。
4. 當 $Q_n = 1$，若欲使 $Q_{n+1} = 1$，只要 $R = 0$ 即可。

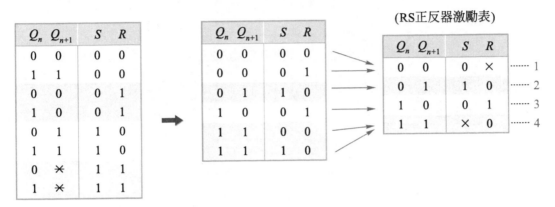

圖 5-20　RS 正反器激勵表的形成

另外，利用擴展後的真值表經卡諾圖化簡，就可以獲得 RS 正反器的特性方程式 $Q_{n+1} = S + \overline{R}Q_n$，如圖 5-21 所示。

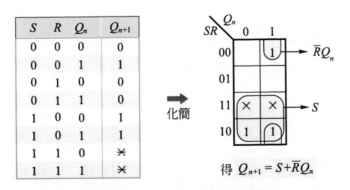

圖 5-21　RS 正反器的特性方程式

2. D 型正反器的激勵表

如圖 5-22 所示，將 D 型的真值表擴展，之後，再將 D 與 $Q_n \cdot Q_{n+1}$ 位置互換，即可獲得 D 型正反器的激勵表。因為

1. 若欲使 $Q_{n+1} = 0$ (Q_n 的下一狀態)，只要 $D = 0$ 即可。
2. 若欲使 $Q_{n+1} = 1$，只要 $D = 1$ 即可。

(D型正反器激勵表)

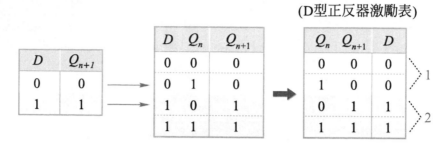

圖 5-22　D 型正反器激勵表的形成

同樣的，利用擴展後的真值表經卡諾圖化簡，就可以獲得 D 型正反器的特性方程式 $Q_{n+1} = D$，如圖 5-23 所示。

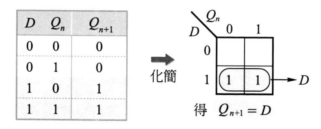

圖 5-23　D 型正反器的特性方程式

3. JK 正反器的激勵表

如圖 5-24 所示，將 JK 正反器的真值表擴展 (由於 Q_n 有 0 與 1 兩種狀態)，之後，再將 J、K 與 Q_n、Q_{n+1} 位置互換，以利形成激勵表的方式。

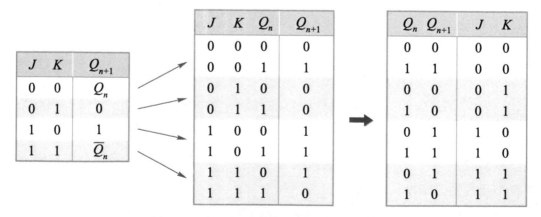

圖 5-24　JK 正反器真值表的擴展與位置互換

　　將已互換位置的真值表依據 Q_nQ_{n+1} = 00、01、10、11 方式排列之後，經過分析即可獲得 JK 正反器的激勵表，如圖 5-25 所示。因為

1. 當 $Q_n = 0$，若欲使 $Q_{n+1} = 0$ (Q_n 的下一狀態)，只要 $J = 0$ 即可。
2. 當 $Q_n = 0$，若欲使 $Q_{n+1} = 1$，只要 $J = 1$ 即可。
3. 當 $Q_n = 1$，若欲使 $Q_{n+1} = 0$，只要 $K = 1$ 即可。
4. 當 $Q_n = 1$，若欲使 $Q_{n+1} = 1$，只要 $K = 0$ 即可。

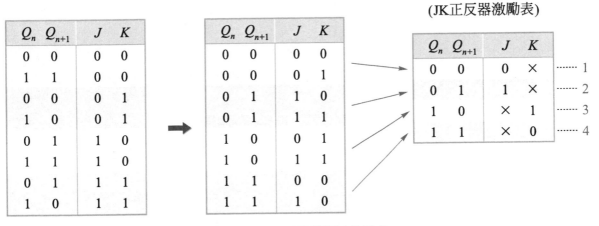

圖 5-25　*JK* 正反器激勵表的形成

　　同樣的，利用擴展後的真值表經卡諾圖化簡，就可以獲得 *JK* **正反器的特性方程式** $Q_{n+1} = J\overline{Q_n} + \overline{K}Q_n$，如圖 5-26 所示。

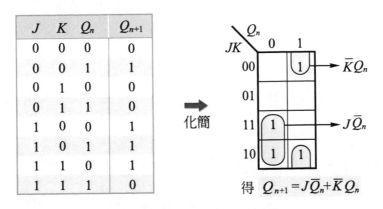

圖 5-26　*JK* 正反器的特性方程式

二、正反器互換

如同邏輯閘一樣,各種正反器是可以相互轉換的;以下分別介紹 *RS* 正反器、*D* 型正反器及 *JK* 正反器的相互轉換方式。

1. **RS 正反器 → D 型正反器**:如圖 5-27 所示,該電路等效於 *D* 型正反器。

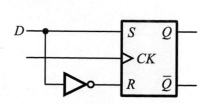

RS 正反器的特性方程式

$$Q_{n+1} = S + \bar{R}Q_n$$
$$= D + \bar{\bar{D}}Q_n$$
$$= D + DQ_n$$
$$= D(1 + Q_n)$$
$$= D$$

(*D* 型正反器的特性方程式)

圖 5-27　*D* 型正反器 (由 *RS* 正反器轉換)

2. **RS 正反器 → JK 正反器**:如圖 5-28 所示,該電路等效於 *JK* 正反器。

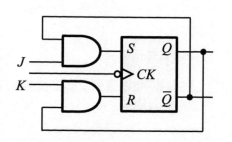

RS 正反器的特性方程式

$$Q_{n+1} = S + \bar{R}Q_n$$
$$= J \cdot \overline{Q_n} + \overline{K \cdot Q_n} \cdot Q_n$$
$$= J \cdot \overline{Q_n} + (\bar{K} + \overline{Q_n}) \cdot Q_n$$
$$= J\overline{Q_n} + \bar{K}Q_n$$

(*JK* 正反器的特性方程式)

圖 5-28　*JK* 正反器 (由 *RS* 正反器轉換)

3. **D 型正反器 → RS 正反器**:如圖 5-29 所示,該電路等效於 *RS* 正反器。

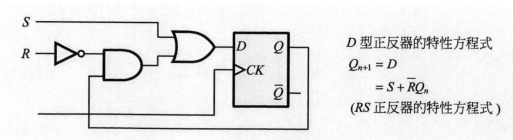

D 型正反器的特性方程式

$$Q_{n+1} = D$$
$$= S + \bar{R}Q_n$$

(*RS* 正反器的特性方程式)

圖 5-29　*RS* 正反器 (由 *D* 型正反器轉換)

4. **D 型正反器 → JK 正反器**：如圖 5-30 所示，該電路等效於 JK 正反器。

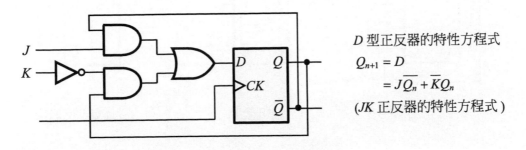

D 型正反器的特性方程式

$$Q_{n+1} = D$$
$$= J\overline{Q_n} + \overline{K}Q_n$$

(JK 正反器的特性方程式)

圖 5-30　JK 正反器 (由 D 型正反器轉換)

5. **JK 正反器 → D 型正反器**：如圖 5-31 所示，該電路等效於 D 型正反器。

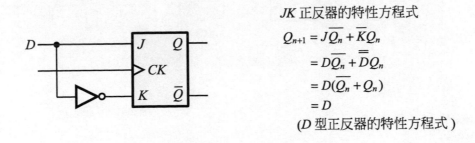

JK 正反器的特性方程式

$$Q_{n+1} = J\overline{Q_n} + \overline{K}Q_n$$
$$= D\overline{Q_n} + \overline{\overline{D}}Q_n$$
$$= D(\overline{Q_n} + Q_n)$$
$$= D$$

(D 型正反器的特性方程式)

圖 5-31　D 型正反器 (由 JK 正反器轉換)

由於 JK 正反器是 RS 正反器的改良，所以，通常不會將 JK 正反器轉成 RS 正反器。另外，以下介紹各種正反器最簡易的除頻電路，以免學了那麼多相關知識，卻不知道有何作用。

如圖 5-32 所示的電路都具有除 2 的功能，也就是將輸入至 CK 端的脈波頻率除 2，即 $f_Q = \dfrac{f_{CK}}{2}$。以圖 5-32(b) JK 正反器的電路為例，由於其 J、K 輸入端皆接邏輯 1 (或 V_{CC} 電源)，每次時脈來臨觸發時就改變一次 ($Q_{n+1} = \overline{Q_n}$ [註])。如圖 5-33 所示為 JK 正反器真值表、除 2 電路及時序圖，圖中共輸入 6 個週期的脈波，而輸出則為 3 個週期的脈波，所以，電路具有除 2 的功能。另外，當 CK 端輸入週期性脈波時，不論其工作週期 (duty cycle) 為何，正反器輸出波形的工作週期一定為 50% (即輸出方波)。

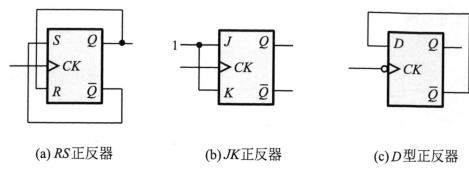

(a) RS正反器　　　(b) JK正反器　　　(c) D型正反器

圖 5-32　具除 2 功能的電路

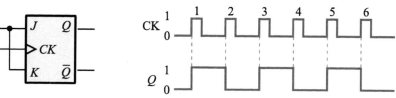

輸入		輸出
J	K	Q_{n+1}
0	0	Q_n
0	1	0
1	0	1
1	1	$\overline{Q_n}$

圖 5-33　JK 正反器真值表、除 2 電路及時序圖

例題 1

如圖 (1) 所示之電路，若 f_{in} 為 30kHz 的週期性脈波，且脈波的工作週期 (duty cycle) 為 40%，試求輸出端 f_o 波形的頻率與其工作週期。

解

(1) 由 D 型正反器的特性方程式，可知電路具恆變 (反轉) 的特性 (具除 2 功能)；所以，輸出端波形的頻率為

$$f_o = \frac{f_{in}}{2} = \frac{30\text{kHz}}{2} = 15\text{kHz}$$

(2) 由於 f_{in} 為週期性脈波，所以輸出端 f_o 的波形為方波，故其工作週期為 50%。

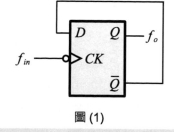

圖 (1)

註：
1. 電路的除 2 功能與正反器的正、負緣觸發無關。
2. 由於電路具恆變的特性，所以有時也稱為『T 型正反器』(toggle, 反轉)；不過，目前並無『T 型正反器』的 IC 可用。

例題 2

如圖 (2) 為邊緣觸發 JK 正反器，當 CLK 輸入適當準位之 10kHz 方波，則輸出 Q 信號應為下列何者？

(A) 一直為邏輯 1　　　(B) 一直為邏輯 0

(C) 10kHz 方波　　　(D) 5kHz 方波

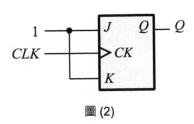

圖 (2)

解

(1) JK 正反器真值表

J	K	Q_{n+1}
0	0	Q_n
0	1	0
1	0	1
1	1	$\overline{Q_n}$

(2) J、K 皆輸入邏輯 1，當 CLK 正緣觸發時，$Q_{n+1} = \overline{Q_n}$（輸出一直反相），即為除 2 電路。

(3) CLK 輸入頻率 10kHz 方波，經過除 2 電路，Q 輸出 5kHz 方波。

$\therefore$ (D) 為正解

例題 3

如圖 (3) 是一 D 型正反器，其輸入端與輸出端波形之關係，下列何者正確？

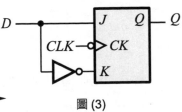

圖 (3)

(A)
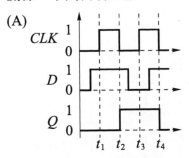

(B)
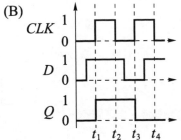

(C)
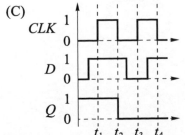

(D)
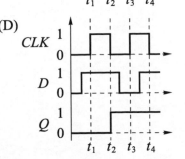

解

(1) D 型正反器特徵 $Q_{n+1} = D$

(2) 此 D 型正反器為負緣觸發

　　$0 \sim t_2$：CLK 未觸發，$Q_{n+1} = Q_n = 0$

　　在 t_2 瞬間：CLK 負緣觸發，$Q_{n+1} = D = 1$

　　$t_2 \sim t_4$：CLK 未觸發，$Q_{n+1} = Q_n = 1$

　　在 t_4 瞬間：CLK 負緣觸發，$Q_{n+1} = D = 1$

∴ (D) 為正解

例題 4

如圖 (4) 所示 T 型正反器，在沒有傳輸延遲的情況下，輸入 clock 及輸出 output 之波形關係，下列何者正確？

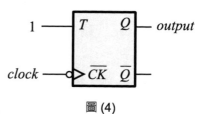

圖 (4)

(A) clock／output 波形

(B) clock／output 波形

(C) clock／output 波形

(D) clock／output 波形

解

(1) T 型正反器如同 JK 正反器之 J、K 接在一起。

(2) 當 $T = 1$(即 $J = K = 1$)，輸出會一直反相，$Q_{n+1} = \overline{Q_n}$。

(3) 此 T 型正反器為負緣觸發，其時序圖　　　。

∴ (C) 為正解

一、選擇題

____1. 如圖 (1) 所示係由 *NOR* 閘所組成的 *RS* 閂鎖器 (Latch)，則其真值表最有可能為下列何者？

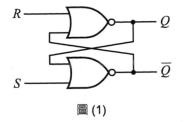

圖 (1)

(A)
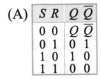

S	R	Q	$\overline{Q}$
0	0	Q	$\overline{Q}$
0	1	0	1
1	0	1	0
1	1	0	0

(B)

S	R	Q	$\overline{Q}$
0	0	0	0
0	1	0	1
1	0	1	0
1	1	Q	$\overline{Q}$

(C)
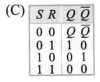

S	R	Q	$\overline{Q}$
0	0	Q	$\overline{Q}$
0	1	1	0
1	0	0	1
1	1	0	0

(D)

S	R	Q	$\overline{Q}$
0	0	1	1
0	1	1	0
1	0	0	1
1	1	Q	$\overline{Q}$

。

____2. 如圖 (2) 所示 NOR 閘組成的電路，若發光二極體 (LED) 不發亮，如欲使發光二極體發亮，要如何操作按鈕開關 *A* 與按鈕開關 *B*？

(A) 按鈕開關 *A* 導通 (ON)，按鈕開關 *B* 斷開 (OFF)

(B) 按鈕開關 *A*(OFF)，按鈕開關 *B* 斷開 (OFF)

(C) 按鈕開關 *A* 斷開 (OFF)，按鈕開關 *B* 導通 (ON)

(D) 操控按鈕開關 *A* 或按鈕開關 *B* 均無法使 LED 發亮。

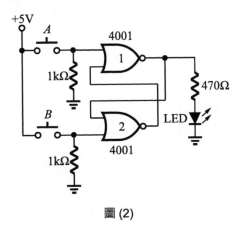

圖 (2)

_____3. 如圖 (3) 為 TTL 邏輯閘組成的開關去除跳動雜訊 (debounce) 電路。S 為一自返開關，當 S 由 A(原來位置) 扳至 B，再於 1 秒後回至 A 時，U_1 的輸出狀態是

(A) 由原來的 LOW 電位變成 HIGH 電位再回至 LOW 電位

(B) 由原來的 HIGH 電位變成 LOW 電位再回至 HIGH 電位

(C) 由原來的 LOW 電位變成永久的 HIGH 電位

(D) 由原來的 HIGH 電位變成永久的 LOW 電位。

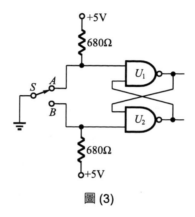

圖 (3)

_____4. 如圖 (4) 所示，電路在輸入圖 (5) 中的時脈 CLK 及輸入訊號 Y 後，其輸出訊號 Q 之波形應為　(A) A　(B) B　(C) C　(D) D　波形。

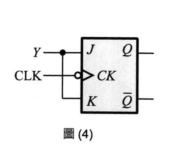

圖 (4)

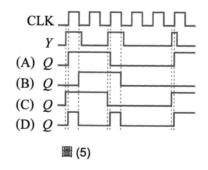

圖 (5)

_____5. 如圖 (6) 為一個 D 型正反器，下列敘述何者錯誤？

(A) 腳位 D 為資料輸入端

(B) 腳位 $\overline{PR}$ 及 $\overline{CLR}$ 為負緣觸發

(C) 腳位 CK 為正緣觸發

(D) 腳位 $\overline{PR}$ 及 $\overline{CLR}$ 在正常操作時不可同時為 0。

圖 (6)

_____6. 如圖 (7) 所示電路，其中 ON 代表開關閉合，OFF 代表開關開路，若要讓 LED 產生明滅閃爍之顯示，則開關 S 及 T 之設定為何？

(A) S 為 ON、T 為 ON　　(B) S 為 ON、T 為 OFF

(C) S 為 OFF、T 為 ON　　(D) S 為 OFF、T 為 OFF。

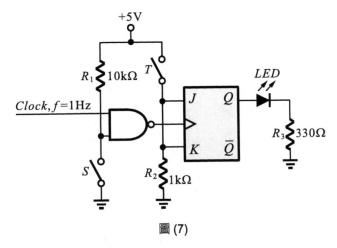

圖 (7)

_____7. 一個 D 型正反器可儲存多少個位元資料？

(A)1 個　(B)2 個 (C)4 個 (D)8 個。

本章習題

____8. 如圖 (8) 所示之電路，其中 D 型正反器的 $\overline{PR}$、$\overline{CLR}$ 為低準位觸發動
作，若，V_{DD} 開啟前電容已完全放電，則下列敘述何者正確？

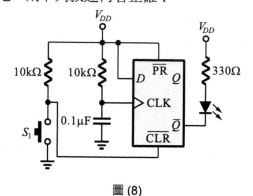

圖 (8)

(A) 電源開啟時，LED 亮，按下
S_1 放開後，LED 暗，爾後再
按下 S_1 時，LED 沒有變化

(B) 電源開啟時，LED 亮，按下
S_1 放開後，LED 閃爍，再次
按下 S_1 則停止閃爍，LED 滅，
重複以上動作

(C) 電源開啟後，LED 暗，按住　S_1 按鈕時，LED 亮，放開 S_1 則 LED
滅，重複以上動作

(D) 電源開啟後，LED 暗，按住 S_1 按鈕時，LED 閃爍，放開 S_1 則
LED 滅，爾後再按 S_1 時，LED 沒有變化。

____9. 如圖 (9) 所示，若 $D_{in}=0$，CLK 輸入 1kHz 脈波，求輸出 Q 之值為何？

(A) 1kHz 之脈波　(B) 5kHz 之脈波　(C) 0　(D) 1。

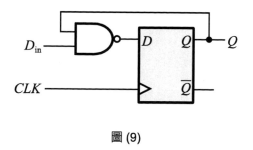

圖 (9)

____10. 當 CLK 為 1kHz 時，以下哪個正反器的輸出<u>不是</u> 500Hz？

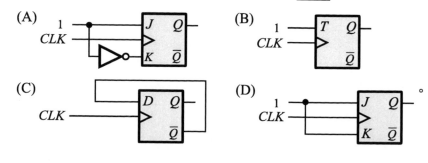

_____*11.* 將 RS 正反器連接成 JK 正反器如圖 (10) 所示，若方塊 A 及方塊 B 分別

僅能使用 1 個二輸入邏輯閘，則下列何者正確？

(A) 方塊 A 使用 AND、方塊 B 使用 OR

(B) 方塊 A 使用 NAND、方塊 B 使用 NOR

(C) 方塊 A 使用 AND、方塊 B 使用 AND

(D) 方塊 A 使用 NAND、方塊 B 使用 NAND。

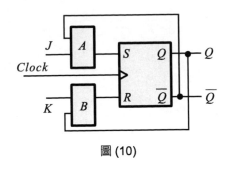

圖 (10)

二、繪圖與填充題

1. 如圖 (11) 為正緣觸發的 JK 正反器與其輸入／輸出時序，請繪出正確的 Q 輸
出端波形。

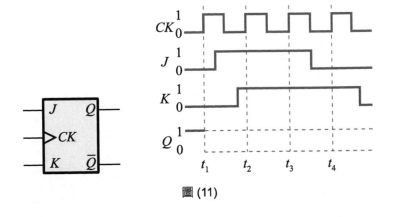

圖 (11)

本章習題

2. 試分別寫出 *RS*、*JK* 及 *D* 型正反器的特性方程式

(1) *RS* 正反器的特性方程式為_____

(2) *JK* 正反器的特性方程式為_____

(3) *D* 型正反器的特性方程式為_____

3. 試分別完成 *RS*、*JK* 及 *D* 型正反器的激勵表

Q_n	Q_{n+1}	S	R
0	0		
0	1		
1	0		
1	1		

Q_n	Q_{n+1}	J	K
0	0		
0	1		
1	0		
1	1		

Q_n	Q_{n+1}	D
0	0	
0	1	
1	0	
1	1	

6

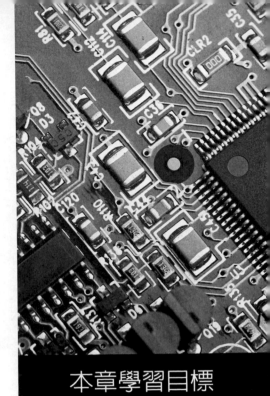

循序邏輯電路
設計及應用

時鐘脈波是循序邏輯電路不可缺少的信號,因此,瞭解時鐘脈波產生器電路的工作原理是必要的;而為了分析狀態變化多端的循序電路,常以狀態圖 (state table),經簡化之後,決定使用正反器的數目與種類型式,再透過一連串的轉換與化簡,最後得到所需的電路。

　　本章不擬介紹過於複雜的設計流程,以免好不容易培養的學習興趣被澆熄。以下,就讓咱們進入有點難又不太難的神奇設計領域吧!

本章學習目標

- ■ 1. 時鐘脈波產生器
- ■ 2. 計數器
- ■ 3. 移位暫存器
- ■ 4. 狀態圖及狀態表的認識
- ■ 5. 循序邏輯電路設計
- ■ 6. 應用實例的認識

▣ 6-1　時鐘脈波產生器

　　循序邏輯電路之所以能依時間順序來動作，主要是由於有時鐘脈波 (clock pulse) 信號的輸入；常見數位邏輯電路的時鐘脈波產生器有 555 無穩態多諧振盪器、晶體模組振盪器及邏輯閘振盪器等。

一、555 無穩態多諧振盪器

　　555 定時器是在 1972 年由 Signetics 公司製造出來，常用於時間控制 (延時或時脈) 及波形產生等方面，其優點如下：

(1) 工作電源範圍甚大 (4.5V ～ 16V) 可與 TTL 或 CMOS 直接配合使用。

(2) 只需簡單的電阻、電容即可完成時間控制，且時間範圍極廣，可由幾微秒到幾小時之久。

(3) 輸出端之電流甚大，當 V_{CC} = 5V 時，輸出電流可達 100mA，當 V_{CC} = 15V 時，輸出電流可達 200mA，故可直接驅動負載。

(4) 價格便宜，且計時可達很高之精確度。

　　所以，利用 555 定時器組成的無穩態多諧振盪電路，無疑是工業控制電路上最常使用的方式；在說明 555 的應用電路之前，首先介紹 555 定時器 IC 的內部方塊及其接腳功能。

　　555 定時器基本上包括二個比較器、一個正反器、一個放電電晶體及一組電阻分壓器，如圖 6-1 所示，其各接腳的功能如下：

第 1 腳：　接地 (ground)；為共同接地點，使用時應將其接到最低電位，通常為 0V。

第 2 腳：　**觸發 (trigger)；當此腳之電壓 (V_2) 低於 $\frac{1}{3}V_{CC}$ 時，造成下比較器之輸出為 H (即 $S = H$)，使得正反器之輸出 $\overline{Q} = L$，故第 3 腳輸出為 H。若 V_2 大於 $\frac{1}{3}V_{CC}$ 時，則 $\overline{Q}$ 保持原輸出狀態。**

第 3 腳：　輸出 (output)；輸出端與正反器之輸出是成反相關係 ($\overline{Q}$ 經過 NOT 閘)；不論此腳為 H 或 L，皆可流入或流出約 100 ～ 200mA 的電流，足以推動小燈泡、小型繼電器等。

第 4 腳：　重置 (reset)；以低態 (0.7V) 以下動作，且具最優先控制權，即當此腳動作後輸出即變為 L，而其他輸入腳的觸發皆無效；平常不使用時，應接至 V_{CC}，以免受到雜訊干擾而影響輸出狀態。

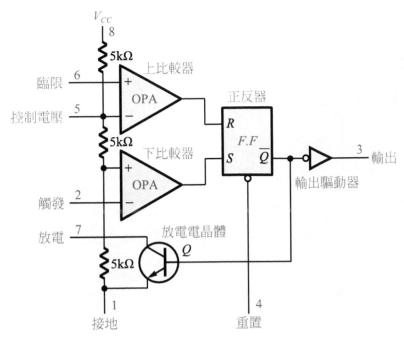

圖 6-1　555 定時器結構方塊圖

第 5 腳：　控制電壓 (control voltage)；此腳由於與上比較器參考電壓 ($\frac{2}{3}V_{CC}$ 分壓

點) 相連接；所以若欲改變上、下比較器之參考電壓 ($\frac{2}{3}V_{CC}$ 與 $\frac{1}{3}V_{CC}$)

時，可在此腳直接加入一電壓即可。不使用時，常經由一電容器 (約 0.1μF ～

0.01μF) 接地，避免雜訊干擾。

第 6 腳：　**臨界 (threshold)；當此腳之電壓 (V_6) 大於 $\frac{2}{3}V_{CC}$ 時，造成上比較器之輸出**

為 H(即 R = H)，使得正反器之輸出 $\overline{Q}$ = H，故第 3 腳輸出為 L。若 V_6 小於

$\frac{2}{3}V_{CC}$ **時，則 $\overline{Q}$ 保持原輸出狀態。**

第 7 腳：　放電 (discharge)；此腳為 NPN 電晶體的開路集極輸出端，當 $\overline{Q}$ 為 H(即 $V_3 = L$)

時，電晶體飽和導通呈短路狀態，供計時電容器放電迴路。當 $\overline{Q}$ 為 L (即 V_3 =

H) 時，電晶體截止不導通，呈斷路狀態，此時計時電容器方可充電。

第 8 腳：　電源 (V_{CC})；555 計時器的供給電源可由 4.5V ～ 16V 左右。

　　　　如圖 6-2 所示為 555 無穩態多諧振盪電路與其輸出波形，其工作原理如下：

(1)　剛接上電源 V_{CC} 時，由於電容器之電壓 V_C 為 0V，致使上比較器輸出 L，而下

比較器輸出 H (即 R = L，S = H)，所以正反器的輸出 $\overline{Q}$ = L，故放電電晶體截

止 (OFF)，而輸出端 (V_o) 為 H。

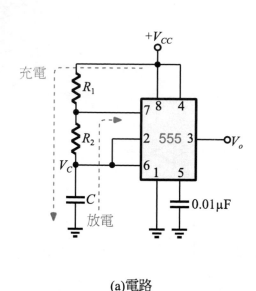

(a)電路

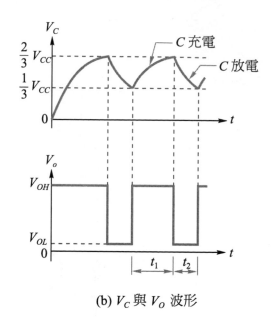

(b) V_C 與 V_O 波形

圖 6-2　555 無穩態多諧振盪電路

註：555 之第 2、4、6 腳皆可以控制正反器之輸出狀態 ($\overline{Q}$)，即可以改變第 3 腳之輸出狀態，而三者的優先順序為：第 4 腳最優先，第 2 腳次之，第 6 腳最後。

(2) V_{CC} 經電阻器 R_1、R_2 向電容器 C 充電，當電容電壓 (V_C) 大於 $\frac{2}{3}V_{CC}$ 時，致使上比較器輸出 H，而下比較器輸出 L (即 R = H，S = L)，所以正反器的輸出 $\overline{Q} = H$，放電電晶體導通 (ON)，故電容器 C 經電阻器 R_2、第 7 腳 (放電電晶體) 放電，而輸出端 (V_o) 為 L。

(3) 當電容電壓 (V_C) 小於 $\frac{1}{3}V_{CC}$ 時，致使上比較器輸出 L，而下比較器輸出 H (即 R = L，S = H)，所以正反器的輸出 $\overline{Q} = L$，放電電晶體截止 (OFF)，故 V_{CC} 又經電阻器 R_1、R_2 開始向電容器之充電，而輸出端 (V_o) 為 H。

如此 (2)、(3) 項循環週而復始，故輸出端 (V_o) 產生週期性脈波；而電容器 C 充、放電的時間分別如下：

充電時間　$t_1 \approx 0.7(R_1 + R_2)C$

放電時間　$t_2 \approx 0.7R_2C$

所以輸出波形的頻率約為

$$f = \frac{1}{T} = \frac{1}{t_1 + t_2} \approx \frac{1}{0.7(R_1 + 2R_2)C} \ \text{(Hz)}$$

而波形的工作週期 (duty cycle) 則為

$$\text{工作週期} = \frac{t_1}{T} \times 100\% = \frac{R_1 + R_2}{R_1 + 2R_2} \times 100\%$$

由於圖 6-2 的電路其充、放電的 RC 時間常數並不相同，故不能獲工作週期為 50% 的方波；如圖 6-3 所示之電路，由於充、放電的 RC 時間常數相等，所以可獲得方波輸出，而其輸出振盪波形的頻率約為

$$f = \frac{1}{T} = \frac{1}{t_1 + t_2} \approx \frac{1}{0.7RC + 0.7RC} = \frac{1}{1.4RC} \ \text{(Hz)}$$

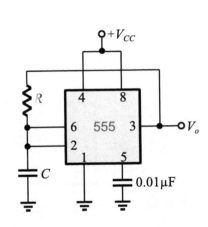

(a) 直接利用輸出充放電的電路

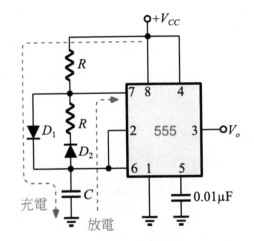

(b) 利用二極體來改變充放電的電路

圖 6-3　555 的方波振盪器

二、有源晶體振盪器及邏輯閘振盪器

目前以市面上流行的四隻接腳的有源晶體振盪器 (crystal oscillator) 來產生方波訊號，元件可分外掛式 (雙排並列 DIP) 和貼片 (表面黏著 SMD) 兩種包裝，如圖 6-4 所示為 DIP---14 pin 全規格與 8 pin 半規格包裝與接腳用途，而振盪輸出頻率值可由 1MHz ～ 120MHz 任君挑選；由於振盪輸出的頻率十分精準、穩定，且**使用方便 ---- 只要接上電源 (+5V 或 +3.3V 皆可工作)，輸出端就能獲得金屬外殼上所標示的額定輸出頻率。**此外，亦可使用邏輯閘（TTL 或 CMOS）振盪器，不過由於大多數的廠家已不再生產基本的邏輯閘 IC，所以在此就不多介紹。

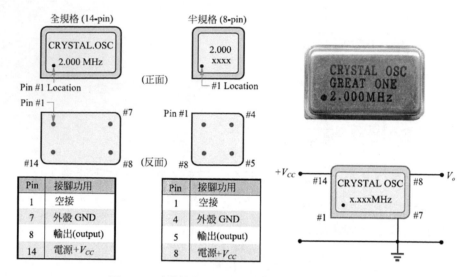

圖 6-4　外掛式有源晶體振盪器元件與應用方式

例題 1

如圖 (1) 所示為 555 的無穩態工作模式，當 $R_1 =$ 10kΩ，$R_2 = 30kΩ$，$C = 0.01\mu F$ 時，其輸出波形的頻率與工作週期各為多少？

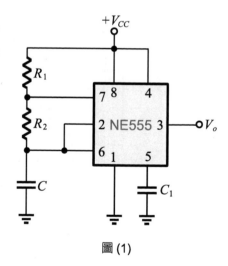

圖 (1)

解

充電時間 $t_1 \approx 0.7(R_1 + R_2)C$
$\qquad = 0.7 \times (10k + 30k) \times 0.01\mu$
$\qquad = 2.8 \times 10^{-4}(s)$

放電時間 $t_2 \approx 0.7R_2C$
$\qquad = 0.7 \times 30k \times 0.01\mu$
$\qquad = 2.1 \times 10^{-4}(s)$

(1) 輸出波形的頻率

$$f = \frac{1}{T} = \frac{1}{t_1 + t_2} \approx \frac{1}{4.9 \times 10^{-4}} = 2.04 \text{ k(Hz)}$$

(2) 輸出波形的工作週期

$$\text{工作週期} = \frac{t_1}{T} \times 100\% = \frac{2.8 \times 10^{-4}}{4.9 \times 10^{-4}} \times 100\% \approx 57\%$$

◢ 6-2　計數器

計數器 (counter) 是數位邏輯中用途最廣且變化最多的部份，利用計數器在某一段時間內所收到 (計數) 的脈波數，可以精確計算出脈波的頻率、週期，甚至某一動作過程需花費多少時間，而達到計時、計數與順序控制的功能；所以廣泛用於數位三用表、電子表、電腦、雷達、物理量計數 (如工廠飲料數量的計數、化學藥品混合物的計量等) 及工廠生產流程的順序控制等等皆是。

計數器依其時脈的連接方式，可分為下列兩種：

一、非同步 (asynchronous) 計數器

如圖 6-5 所示，每個正反器的輸出均作為下一個正反器時脈的輸入，所以當前一級 (個) 正反器動作後，下一級 (個) 正反器才有可能動作，宛如水的漣漪一般，一波一波地傳遞，故**又稱為漣波 (ripple) 計數器或異步計數器**[註]。

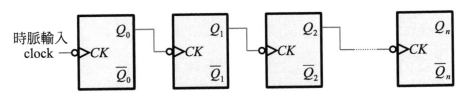

圖 6-5　漣波計數器的時脈輸入方式

二、同步 (synchronous) 計數器

如圖 6-6 所示，**每個正反器的時脈輸入端都並接在一起，所有的正反器皆在同一時間動作，故可減少傳遞延遲時間，因而加快執行的速度 (可在較高的頻率下工作)，但其缺點則為設計上較繁瑣，且硬體電路亦較複雜。**

註：只要計數器中所有正反器不是同時動作的方式，皆可稱為漣波計數器。

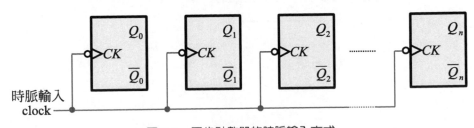

圖 6-6　同步計數器的時脈輸入方式

依計數器的計數方式又可分為，下列兩種：

(1) 有規則的計數器：計數值的大小依一定順序，如 1、2、3、4、…或 9、8、7、6、… 的方式。

(2) 沒有規則的計數器：計數值大小不依一定順序，如 1、6、2、4、…的方式。

在有規則的計數器中，依計數值的增加或遞減方式又可分為：

(1) 上數 (up) 計數器：計數值的順序由小至大，每計數一次，計數值就加 1，如 1、2、3、4、…的方式。

(2) 下數 (down) 計數器：計數的順序由大至小，每計數一次，計數值就減 1，如 9、8、7、6、…的方式。

6-2-1　漣波計數器

一、上數漣波計數器

如圖 6-7 所示之電路，每個正反器的接線方式具有恆變 (反轉) 的特性，所以每個正反器均具有除 2 的功能，也就是 Q_0 的頻率為時脈輸入頻率的 $\dfrac{1}{2}$，而 Q_1 的頻率，則為 Q_0 頻率的 $\dfrac{1}{2}$ (即時脈輸入頻率的 $\dfrac{1}{4}$)，故該電路具有除 4 的功能，常稱為 4 模 (modules-4，MOD-4) 的計數器。

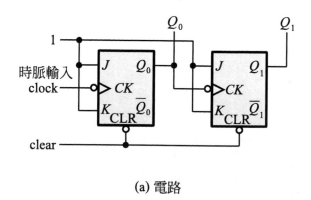

clock	Q_1	Q_0
0	0	0
1	0	1
2	1	0
3	1	1
4	0	0
5	0	1
⋮	⋮	⋮

(a) 電路　　　　　　　　　(b) 狀態表

圖 6-7　4 模上數漣波計數器

由於計數值向上遞增，所以稱為上數漣波計數器；若欲完成 2^N 模的計數電路，只要將 N 個具反轉特性的正反器電路 (任何型式的正反器皆可，通常均以同型的正反器居多)，做串聯 (漣波) 的連接方式，由每一個正反器的 Q 輸出端輸出，如圖 6-8 所示，即可輕鬆完成所求。

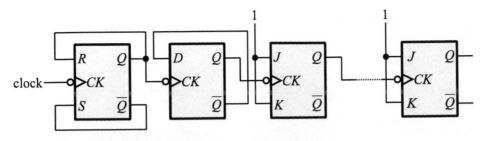

圖 6-8　2^N 模上數漣波計數器

當所需的模數非 2^N 模時，最常採用的簡便方式就是『回授清除法』，如圖 6-9 所示。若欲設計為 6 模計數器時，只要計數器計數至 $6_{(10)}$ (即 $Q_2Q_1Q_0 = 110$) 時，NAND 閘的輸出即為 0 (CLR= 0)，因而清除所有的正反器 (即 $Q_2Q_1Q_0 = 000$)，使計數器重新計數；同理，若欲設計為 5 模的計數器，則只需將 Q_2 及 Q_0 的輸出接至 NAND 閘即可。若正反器的 CLR 輸入端為高態動作 (active Hi)，則將 NAND 閘改為 AND 閘即可。另外，在時序圖中有關『傳遞延遲時間』的現象，將於下一節 (8-2-2 同步計數器) 中介紹說明。

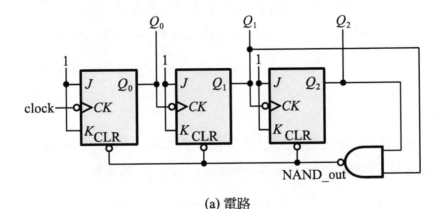

(a) 電路

圖 6-9　6 模上數漣波計數器

clock	Q_2	Q_1	Q_0
0	0	0	0
1	0	0	1
2	0	1	0
3	0	1	1
4	1	0	0
5	1	0	1
6	1/0	1/0	0
7	0	0	1
8	0	1	0
⋮	⋮	⋮	⋮

(b) 狀態表

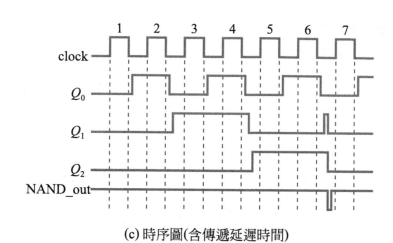

(c) 時序圖(含傳遞延遲時間)

圖 6-9　6 模上數漣波計數器 (續)

例題 2

欲設計電子鐘小時之計時器，若以 24 小時制，則須設計一個模 24 計數器 (0 ～ 23)，最少需要使用多少個正反器？

解

由於每個正反器最多可具有除 2 的功能，依 $2^N \geq$ 模數 (N 為正反器的個數，而模數則為輸出狀態的個數)，得 $2^N \geq 24$，N 最小值為 5，所以該計數器最少需使用 5 個正反器。

例題 3

如圖 (1) 所示之電路，若輸入脈波頻率 (f_i) 為 120kHz，則輸出脈波頻率 (f_o) 為多少 kHz？ Q_3 與 Q_1 端輸出波形的工作週期 (duty cycle) 分別為多少？

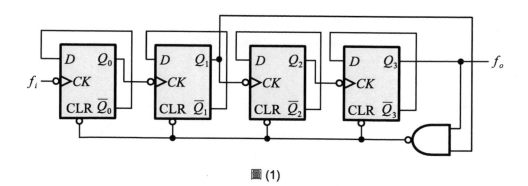

圖 (1)

(1) 當 $Q_3Q_2Q_1Q_0 = 1010$ 時，NAND 閘輸出 0，致使所有正反器被清除為 0 ($Q_3Q_2Q_1Q_0$ = 0000)，所以為除 10 (= $1010_{(2)}$) 之電路，即模數 MOD = 10，故 Q_3 的輸出頻率

$$f_o = \frac{f_i}{\text{MOD}} = \frac{120\text{kHz}}{10} = 12\text{kHz}$$

(2) 電路的輸出狀態如下表：

f_i	Q_3	Q_2	Q_1	Q_0
0	0	0	0	0
1	0	0	0	1
2	0	0	1	0
3	0	0	1	1
4	0	1	0	0
5	0	1	0	1
6	0	1	1	0
7	0	1	1	1
8	1	0	0	0
9	1	0	0	1
10	0	0	0	0
⋮	⋮	⋮	⋮	⋮

Q_3 之工作週期

$D\% = \dfrac{2}{10} \times 100\% = 20\%$ (10 個狀態中有 2 個狀態為 1 的情況)

Q_1 之工作週期為

$\dfrac{4}{10} \times 100\% = 40\%$ (10 個狀態中有 4 個狀態為 1 的情況)

二、下數漣波計數器

由表 6-1 可知──若將圖 6-7 的輸出反相 (即由 $\overline{Q}$ 輸出)，就可輕易獲得下數漣波計數器。如圖 6-10 所示之電路，當由 $Q_2Q_1Q_0$ 輸出時，為一 8 模上數漣波計數器，但若由 $\overline{Q_2}\,\overline{Q_1}\,\overline{Q_0}$ 輸出時，則為一 8 模下數漣波計數器。

表 6-1 上數計數器轉變為下數計數器

輸入	輸出	
clock	Q_1	Q_0
0	0	0
1	0	1
2	1	0
3	1	1
4	0	0
⋮	⋮	⋮

$\Rightarrow$

輸入	輸出	
clock	$\overline{Q_1}$	$\overline{Q_2}$
0	1	1
1	1	0
2	0	1
3	0	0
4	1	1
⋮	⋮	⋮

clock	$\overline{Q_2}$	$\overline{Q_1}$	$\overline{Q_0}$
0	1	1	1
1	1	1	0
2	1	0	1
3	1	0	0
4	0	1	1
5	0	1	0
6	0	0	1
7	0	0	0
8	1	1	1
⋮	⋮	⋮	⋮

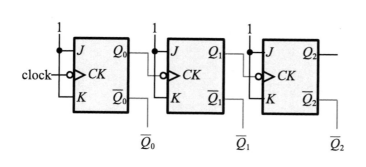

(a) 電路   (b) 狀態表

圖 6-10　8 模下數漣波計數器

另外，將圖 6-10 電路稍加修改，如圖 6-11 所示，不論圖 6-11(a) 圖或圖 6-11(b) 圖，皆可由輸出 $Q_2Q_1Q_0$ 獲得每次減 1 的下數功能；而由 $\overline{Q_2}\,\overline{Q_1}\,\overline{Q_0}$ 輸出，則可獲得上數的功能。如同前面介紹的擴充方式，只要將 N 個正反器做相同的連接方式 (逐漸向右擴展)，即可獲得所需的電路 (2^N 模的計數器)。

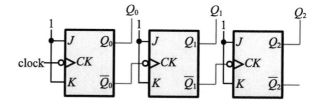

(a) 8 模下數漣波計數器電路I

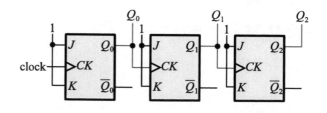

(b) 8 模下數漣波計數器電路II

圖 6-11　下數漣波計數器的連接方式

例題 4

如圖 (1) 所示計數電路，設所有正反器 JK 輸入端皆接上邏輯 Hi，且未輸入時脈 (clock) 時的輸出 $Q_2Q_1Q_0$ 狀態為 000；當電路輸入 100 個脈波後，輸出 $Q_2Q_1Q_0$ 的狀態為何？

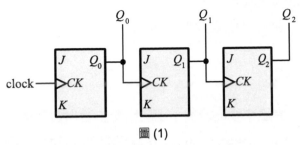

圖 (1)

解

(1) 由於正反器為正緣觸發型且由 $Q_2Q_1Q_0$ 輸出，所以電路為 8 模的下數計數器。

(2) $100 \div 8 = 12\cdots\cdots4$ (餘數) 所以，當輸入 96 個脈波 (8 的整數倍) 時，
輸出 $Q_2Q_1Q_0 = 000$，輸入 97 個脈波時，輸出 $Q_2Q_1Q_0 = 111$，
輸入 98 個脈波時，輸出 $Q_2Q_1Q_0 = 110$，輸入 99 個脈波時，
輸出 $Q_2Q_1Q_0 = 101$，故輸入 100 個脈波時，輸出 $Q_2Q_1Q_0 = 100$。

三、上 / 下數計數器

　　綜合前面所介紹的上數 / 下數計數器連接方式，只要改變正反器時脈 (CK) 的來源是由前一級的輸出 Q 或 $\overline{Q}$，即可控制的計數方式 (上數或下數)，如圖 6-12 所示；圖中兩個正反器中間的虛線方塊電路與反相器形成一個 2 對 1 的多工器，

　　由 $U/\overline{D}$ 控制端選擇 CK 的來源。當 $U/\overline{D} = 0$ 時，由於 CK 來源為前一級的輸出 $\overline{Q}$，所以計數器為下數計數；當 $U/\overline{D} = 1$ 時，由於 CK 來源為前一級的輸出 Q，所以計數器為上數計數；不過，該電路只適用於 2^N 模數的計數器。

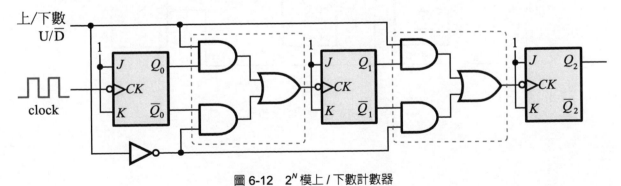

圖 6-12　2^N 模上 / 下數計數器

常見制式 TTL 漣波計數 IC 的編號如下：

1. 7490 四位元十進位計數器 (decade counter)

   常見的 BCD 碼 (4bit) 漣波計數器，該 IC 內部可分爲除 2 (MOD-2) 及

   除 5 (MOD-5) 的電路。(參考附錄 D)

2. 7492 四位元十二進位計數器 (divide by twelve counter)

3. 7493 四位元二進位計數器 (4 bit binary counter)

6-2-2　同步計數器

　　由於每個正反器從時脈來臨的觸發，到輸出產生變化皆需要一段時間，此時間稱為『傳遞延遲時間』(t_d，propagation delay time 有時以 t_p 表示)，若為 N 個正反器串接而成的漣波計數器，則其最大的傳遞延遲時間就會變為 $N \cdot t_p$；若此時間愈大，則計數器所能工作的頻率就愈低[註]，所以對於某些需要在較高頻率操作的應用電路而言，漣波計數器就不太適用了，而同步計數器剛好可以改善此項缺點。

一、2^N 模同步計數器

　　如圖 6-13 所示爲 8 模同步計數器，由於所有正反器的時脈皆並接在一起 (即所有正反器皆同一時間動作)，所以不論任何狀態下，當時脈邊緣來臨時，只需經過一個正反器的傳遞延遲時間 (t_p)，所有的輸出端 ($Q_2Q_1Q_0$) 都能出現正確的狀態，故同步計數器可以應用在較高的頻率 (或速度) 下工作，然而其缺點則爲設計上較爲麻煩且電路亦較爲複雜；例如當計數模數非 2^N 模 (N 表示正反器的個數) 時，通常都需經過一連串的設計，如畫出電路的狀態圖、狀態表、狀態化簡…，才能得到所需的電路，若電路再加上其他功能 (如上、下數、預設…) 時，那麼保證能讓人一個頭兩個大。

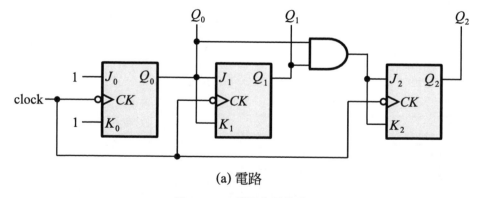

(a) 電路

圖 6-13　8 模同步計數器

註：漣波計數器時脈最高輸入頻率為 $f_{\max} = \dfrac{1}{N t_{d(\text{FF})} + t_{d(\text{gate})}}$，如圖 6-9(a) 的電路，由於需 NAND 閘產生清除作用，故需加上邏輯閘的延遲時間；若電路為圖 6-10 或圖 6-11 時，則僅有正反器的延遲時間。

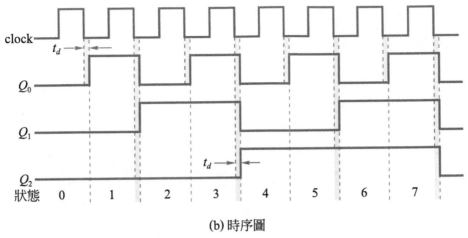

(b) 時序圖

圖 6-13　8 模同步計數器 (續)

對於 2^N 模同步計數器的電路，有一規則可依循，即

$J_0 = K_0 = 1$

$J_1 = K_1 = Q_0$

$J_2 = K_2 = Q_1 Q_0$

$J_3 = K_3 = Q_2 Q_1 Q_0$

$\ :\ :\ :\ :\ :\ :\ :$

$J_n = K_n = Q_{n-1} Q_{n-2} \cdots Q_1 Q_0$

　　只要依此類推，各級正反器的輸入控制方程式就能輕易獲得，如圖 6-14 所示皆為 16 模的同步計數器，其中圖 6-14(a) 由於各級間的進位信號傳輸為並列方式，所以稱為**並列進位模式 (parallel carry mode)** 的同步計數器，該計數器最大的傳遞延遲時間只需考量一個正反器與一個邏輯閘的傳遞延遲時間，即

$t_{d(\text{FF})} + t_{d(\text{gate})}$ (s)

而其最高時脈輸入頻率為

$$f_{\max} = \dfrac{1}{t_{d(\text{FF})} + t_{d(\text{gate})}} \text{ (Hz)}$$

圖 6-14(b) 則由於各級間的進位信號傳輸為串列 (漣波) 方式，所以稱為**漣波進位模式 (ripple carry mode)** 的同步計數器，該計數器最大 (差) 的傳遞延遲時間與前述並列方式不同的是：**邏輯閘為串聯方式，其傳遞延遲時間依邏輯閘數目而變**，即

$$t_{d(\text{FF})} + (N-2)\, t_{d(\text{gate})} \quad (\text{s}) \qquad\qquad (N \text{為正反器的個數})$$

而其最高時脈輸入頻率為

$$f_{\max} = \frac{1}{t_{d(\text{FF})} + (N-2)t_{d(\text{gate})}} \quad (\text{Hz})$$

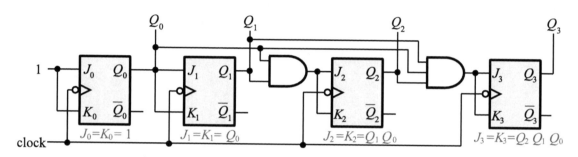

(a) 並列進位模式的同步計數器

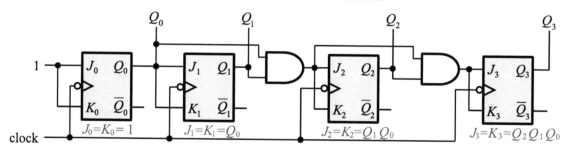

(b) 漣波進位模式的同步計數器

圖 6-14　16 模同步計數器

二、非 2^N 模同步計數器

有關同步計數器 (含非 2^N 模) 的設計，將留待 8-4 節中介紹。目前制式規格的成品 (IC) 頗多，在應用上可直接採用適合的 IC 來使用，常見的 IC 編號如下：

74160、74162　為可預設與清除的同步 BCD 碼計數器

(synchronous decade counters)

74161、74163　為可預設與清除的同步二進碼計數器

(synchronous 4-bit counters)

74192　　　　為可預設與清除，且可上／下數的同步 BCD 碼計數器

(presettable synchronous up/down decade counters with clear)

74193　　　　為可預設與清除，且可上／下數的同步二進碼計數器

(presettable synchronous up/down 4-bit counters with clear)

6-3　移位暫存器

　　暫存器 (register) 是由一群記憶元件 (如正反器等) 所組成的一種電路，用以儲存暫時性資料；由於每一個記憶元件只能儲存 1 位元 (bit) 的資料，因此在電路的設計上，就必須考慮如何將資料移入或移出暫存器，而具有上述功能的暫存器，稱為移位 (shift) 暫存器。

　　移位暫存器的電路，基本上是一群含有清除與預設輸入端的 D 型正反器組合，有時則依功能需求而再加上一些邏輯閘，常用於數位邏輯電路的輸入／輸出部份，以方便資料的暫時儲存，或作為串列 (serial) 與並列 (parallel) 的轉換。

依資料的傳遞方向可分為：

1.　左移暫存器 (shift left register)。
2.　右移暫存器 (shift right register)。
3.　左右移暫存器 (shift left & right register)。

依資料輸入、輸出的處理方式可分為：

1.　串列輸入串列輸出 (SISO, Serial In Serial Out) 移位暫存器。
2.　串列輸入並列輸出 (SIPO, Serial In Parallel Out) 移位暫存器。
3.　並列輸入串列輸出 (PISO, Parallel In Serial Out) 移位暫存器。
4.　並列輸入並列輸出 (PIPO, Parallel In Parallel Out) 移位暫存器。

以下就讓我們來認識各種型式的移位暫存器。

6-3-1　左右移暫存器

如圖 6-15 所示為 4 位元的右移暫存器，由於所有 D 型正反器之時脈輸入端皆並接在一起，所以每當時脈負緣來臨時，資料 $(Q_D Q_C Q_B Q_A)$ 將由左向右移位一次，故稱右移暫存器。

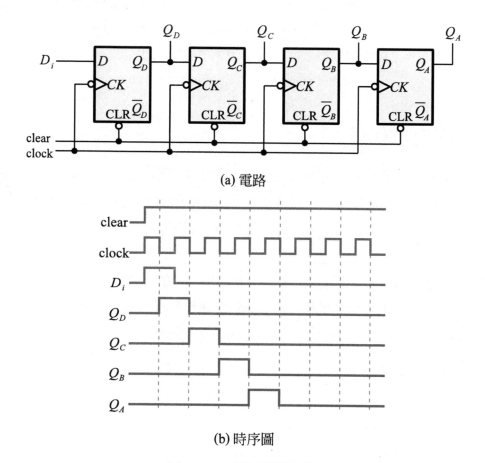

(a) 電路

(b) 時序圖

圖 6-15　4 位元右移暫存器

如圖 6-16 所示為 4 位元的左移暫存器，由於所有 D 型正反器之時脈輸入端皆並接在一起，所以每當時脈負緣來臨時，資料 $(Q_D Q_C Q_B Q_A)$ 將由右向左移位一次，故稱左移暫存器。

若暫存器具有使資料左、右移的功能，就稱為左右移暫存器；此特性常應用於街道上的跑馬燈電路 (燈一下子左移，一下子右移)。

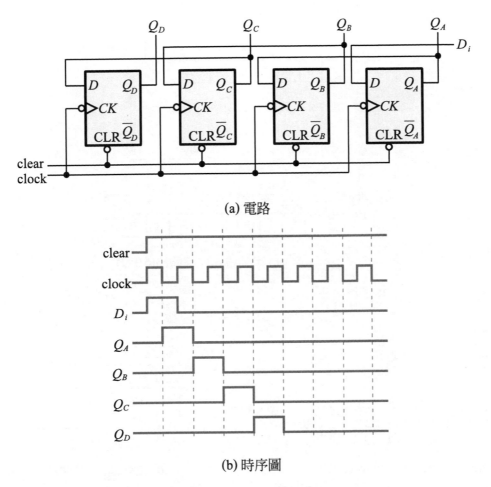

(a) 電路

(b) 時序圖

圖 6-16　4 位元左移暫存器

6-3-2　串並列移位暫存器

　　所謂串列移位暫存器是指在同一時間中，僅能將一個位元 (1bit) 的資料輸入 (移入) 或輸出 (移出) 暫存器，而並列移位暫存器則是指在同一時間中，能將所有位元的資料輸入或輸出暫存器[註]。

　　如圖 6-17 所示為串、並列移位暫存器的特性圖解，圖中方塊代表暫存器內的正反器，而 0 或 1 則表示正反器所儲存的暫存資料。

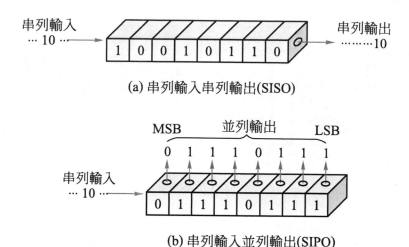

(a) 串列輸入串列輸出(SISO)

(b) 串列輸入並列輸出(SIPO)

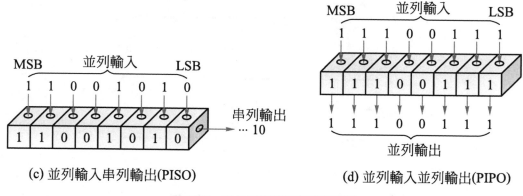

(c) 並列輸入串列輸出(PISO)

(d) 並列輸入並列輸出(PIPO)

圖 6-17　串並列移位暫存器的圖解

註：一個移位暫存器通常為 8、16、32、64 等位元。

如圖 6-18 所示為實際的移位暫存器電路；在圖 6-18(a) 中，若資料由 D_A 端輸入，而只能從 Q_C 輸出，稱為 SISO 移位暫存器；若資料仍由 D_A 端輸入，而從 Q_A、Q_B、Q_C 一起輸出，則稱為 SIPO 移位暫存器。在圖 6-18(b) 中，若資料由 D_A、D_B、D_C 一起輸入，而只能從 Q_C 輸出，稱為 PISO 移位暫存器；若資料仍由 Q_A、Q_B、Q_C 一起輸入，而從 Q_A、Q_B、Q_C 一起輸出，則稱為 PIPO 移位暫存器。不曉得讀者有否發現，其實 (b) 圖亦可做為 SISO 與 SIPO 移位暫存器。

在現有的制式規格的成品 (IC) 中，常常涵蓋兩樣以上的功能，如編號 74164 的 IC 即具有 SISO 與 SIPO 的功能，而編號 74198 的 IC 則具有 SISO、SIPO、PISO、PIPO 與左、右移功能。

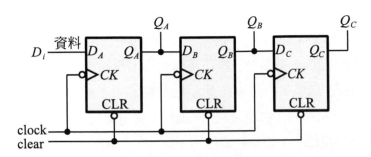

(a) SISO 與 SIPO 移位暫存器(以 3 位元為例)

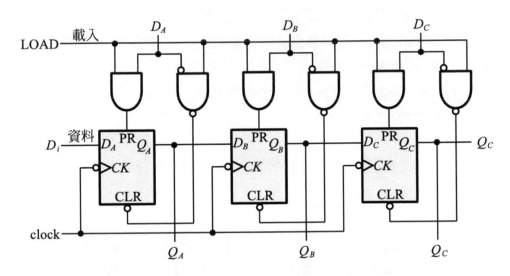

(b) PISO 與 PIPO 移位暫存器(以 3 位元為例)

圖 6-18　移位暫存器的電路

6-3-3　移位計數器 (跑馬燈)

　　移位計數器 (shift counter) 為移位暫存器的特殊連接方式，將 N 個正反器串接組成暫存器，以移位 (shift) 的方式傳遞資料訊號，再利用回授 (feedback) 的技巧達到計數的作用，所以又稱為移位計數器。

　　移位計數器隨著時脈訊號的輸入，使得各級正反器依序輸出 1 的訊號，通常由第一級正反器 (電路中最左邊的正反器) 開始傳遞 (移位) 至最後第一級正反器 (電路中最右邊的正反器)，然後再度傳遞 (移位) 至第一級正反器，如此重複環狀的移位作用，這也就是所謂的『跑馬燈』或『走馬燈』的顯示方式。常見的移位計數器有環形計數器 (ring counter) 與強生計數器 (Johnson counter) 兩種。

一、環形計數器

環形計數器的結構非常簡單,由前一級正反器的輸出傳遞至下一級正反器的輸入,如此一級級的連接(傳遞),而最後一級正反器的輸出再回授至第一級正反器的輸入,如此即完成 N 模的環形計數器;如圖 6-19 所示為 N 模的環形計數器,當電路一開始接上電源時,需一『啟始』(initialize) 的預設訊號 (start),使電路的輸出被預設為 $100\cdots0$,之後隨著時脈 (clock) 的持續輸入,電路的輸出由 $100\cdots0 \rightarrow 010\cdots0 \rightarrow 001\cdots0 \rightarrow \cdots \rightarrow 000\cdots1$ 依序作變化,如此周而復始[註]。環形計數器的特色為:

1. N 模的計數器,需使用 N 個正反器。
2. 由於輸出端輪流為 1,所以輸出狀態不需再解碼,故常用於分時控制的電路,使每部機器依序動作。
3. 開始計數時,需要作『啟始』的預設動作。
4. 通常以 D 型正反器組成居多。

註:預設啟始 (start) 訊號通常由 RC 串聯電路來產生;可參考 8-5 節的介紹。

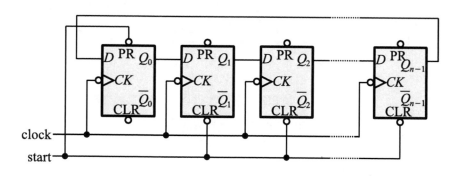

(a) 使用 D 型正反器的電路

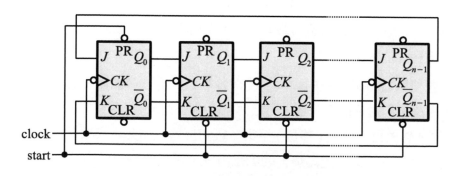

(b) 使用 JK 正反器的電路

圖 6-19　N 模的環形計數器

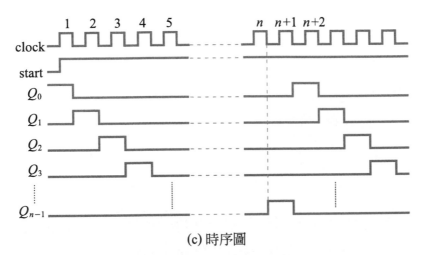

(c) 時序圖

圖 6-19　N 模的環形計數器 (續)

例題 5

試繪出 4 模的環形計數器 (使用 JK 正反器組成)，當 start 啟始訊號由 0 變為 1 後，再輸入頻率為 100kHz 的時脈訊號，則 Q_3 輸出波形的頻率為多少 Hz ？ Q_3 與 Q_1 點波形之工作週期各為多少？

解

(1) 電路如圖 (1) 所示，輸出波形的頻率

$$f_{Q_3} = f_{Q_2} = f_{Q_1} = f_{Q_0} = \frac{f_{CK}}{N} = \frac{100\text{kHz}}{4} = 25\text{kHz}$$

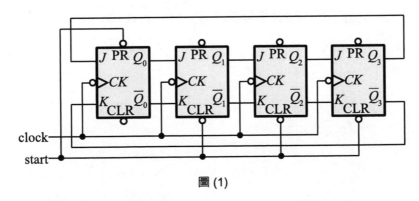

圖 (1)

(2) 由電路的輸出狀態表可獲得 Q_3、Q_1 點波形的工作週期均為

$$\frac{1}{N} \times 100\% = \frac{1}{4} \times 100\% = 25\%$$

clock	Q_0	Q_1	Q_2	Q_3
0	1	0	0	0
1	0	1	0	0
2	0	0	1	0
3	0	0	0	1
4	1	0	0	0
⋮	⋮	⋮	⋮	⋮

二、強生計數器

將環形計數器最後一級正反器的輸出端反相後，回接至第一級正反器的輸入端，就形成所謂的『強生 (Johnson) 計數器』；當使用 JK 正反器來組成電路時，其接線好像相互纏繞綁在一起，所以**又稱為『扭環 (twisted ring) 計數器』或『尾端交換 (switch tail) 計數器』**。由於強生計數器不像環形計數器需要作啟始的預設動作，且依電路的接線方式可分為偶數 (even) 模強生計數器與奇數 (odd) 模強生計數器兩種。

1.   偶數模強生計數器

如圖 6-20 所示為 2^N 模的強生計數器與其時序圖，當使用 D 型正反器組成時，只要將計數器最後一級正反器 (電路中最右邊的正反器) 的反相輸出端 ($\overline{Q}$)，回接至第一級正反器 (電路中最左邊的正反器) 的輸入端即可；而由 JK 正反器組成時，則將最後一級正反器的 Q、$\overline{Q}$ 兩輸出端，分別回接至第一級正反器的 K、J 兩輸入端即可；由時序圖中可以發現**偶數模強生計數器的幾項特色有：2^N 模的強生計數器，只需 N 個正反器；不論輸出是由那一級正反器，其輸出波形皆為方波 (duty cycle 為 50%)，且輸出波形的頻率為時脈輸入頻率的 $\dfrac{1}{2^N}$ 倍，**
即

$$f_{Q_0} = f_{Q_1} = \cdots = f_{Q_{n-1}} = \frac{f_{\text{clock}}}{2^N}$$

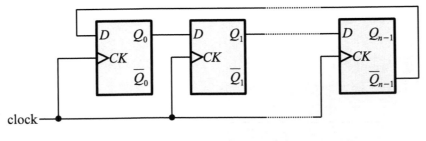

(a) 使用 *D* 型正反器的電路

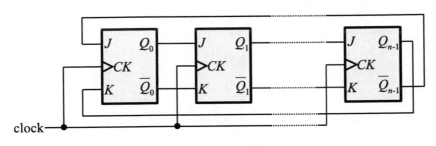

(b) 使用 *JK* 正反器的電路

clock	Q_0	Q_1	Q_2	Q_3
0	0	0	0	0
1	1	0	0	0
2	1	1	0	0
3	1	1	1	0
4	1	1	1	1
5	0	1	1	1
6	0	0	1	1
7	0	0	0	1
8	0	0	0	0
⋮	⋮	⋮	⋮	⋮

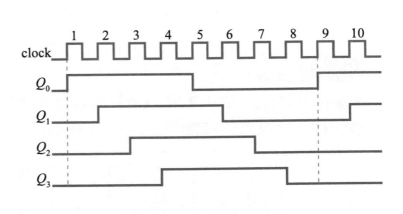

(c) 狀態表(以 4 個正反器為例)　　　(d) 時序圖(以 4 個正反器為例)

圖 6-20　2^N 模的強生計數器

例題 6

如圖 (1) 所示之計數器，若 $f_i = 40\text{kHz}$，工作週期為 20% 之脈波，則 A、B、C 點波形的頻率與其工作週期 (duty cycle) 分別為多少？

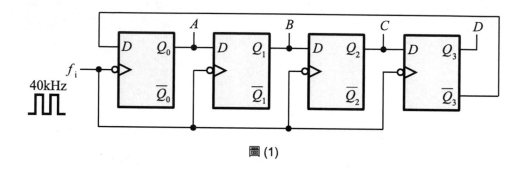

圖 (1)

解

(1) 由於該電路為強生偶數型計數器，其計數模數為 $2N = 2 \times 4 = 8$

故 $f_A = f_B = f_C = f_D = \dfrac{f_i}{2N} = \dfrac{40\text{kHz}}{8} = 5\text{kHz}$

(2) 由於 A、B、C、D 點均為方波，故其工作週期均為 50%

例題 7

如圖 (1) 所示計數電路，設未輸入時脈 (clock) 時的輸出 $Q_0 Q_1 Q_2 Q_3$ 狀態為 0011；當電路輸入 50 個脈波後，輸出 $Q_0 Q_1 Q_2 Q_3$ 的狀態為何？

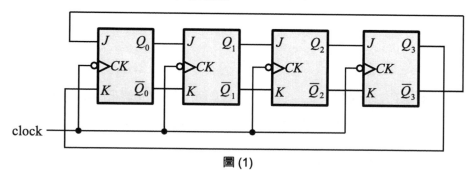

圖 (1)

解

(1) 由於電路偶數模強生計數器，所以其計數模數為 $\text{MOD} = 2N = 2 \times 4 = 8$。

(2) 其狀態表如右所示 $50 \div 8 = 6 \cdots\cdots 2$ (餘數) 所以，

當輸入 48 個脈波 (8 的整數倍) 時，

輸出 $Q_0Q_1Q_2Q_3 = 0011$，

輸入 49 個脈波時，

輸出 $Q_0Q_1Q_2Q_3 = 0001$，

輸入 50 個脈波時，

輸出 $Q_0Q_1Q_2Q_3 = 0000$。

clock	Q_0	Q_1	Q_2	Q_3
0	0	0	1	1
1	0	0	0	1
2	0	0	0	0
3	1	0	0	0
4	1	1	0	0
5	1	1	1	0
6	1	1	1	1
7	0	1	1	1
8	0	0	1	1
$\vdots$	$\vdots$	$\vdots$	$\vdots$	$\vdots$

2. 奇數模強生計數器

如圖 6-21 所示為奇數模的強生計數器，通常由 JK 正反器組成，該電路與偶數模強生計數器最大的差別在於本來是由最後一級正反器的輸出，回接至第一級正反器的 K 輸入端，改為由最後一級的前一級正反器之輸出回接至第一級正反器的 K 輸入端，如此形成 $2N - 1$ 模的強生計數器。在時序圖中可以發現**奇數模強生計數器較偶數模強生計數器缺少輸出全為 1 的狀態，故為 $2^N - 1$ 模的計數器；而各級輸出端 ($Q_0 \cdots Q_{n-1}$) 的頻率皆相同，即**

$$f_{Q_0} = f_{Q_1} = \cdots = f_{Q_{n-1}} = \frac{f_{\text{clock}}}{2^N - 1}$$

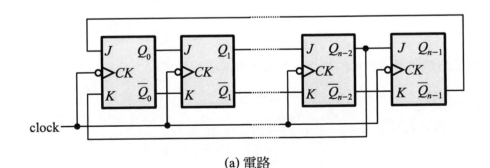

(a) 電路

圖 6-21　$2^N - 1$ 模的強生計數器

clock	Q_0	Q_1	Q_2	Q_3
0	0	0	0	0
1	1	0	0	0
2	1	1	0	0
3	1	1	1	0
4	0	1	1	1
5	0	0	1	1
6	0	0	0	1
7	0	0	0	0
⋮	⋮	⋮	⋮	⋮

(b) 狀態表 (以 4 個正反器為例)

圖 6-21　$2^N - 1$ 模的強生計數器 (續)

例題 8

如圖 (1) 所示之計數器，若 f_i = 12kHz，工作週期為 30% 之脈波，則 A、B、C 點波形的頻率與工作週期 (duty cycle) 分別為多少？

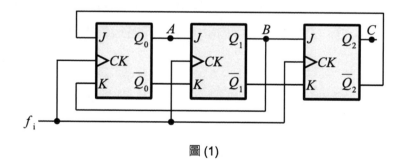

圖 (1)

解

(1) 由於該電路為奇數模的強生計數器，其計數模數為

$$\text{MOD} = 2N - 1 = 2 \times 3 - 1 = 5$$

故　$f_A = f_B = f_C = \dfrac{f_i}{2N-1} = \dfrac{12\text{kHz}}{5} = 2.4\text{kHz}$

(2) 由電路的輸出狀態表可獲得 A、B、C 點波形的工作週期均為

clock	A	B	C
0	0	0	0
1	1	0	0
2	1	1	0
3	0	1	1
4	0	0	1
5	0	0	0
⋮	⋮	⋮	⋮

$$\frac{N-1}{2N-1} \times 100\% = \frac{3-1}{2 \times 3-1} \times 100\% = \frac{2}{5} \times 100\% = 40\%$$

◻ 6-4　狀態圖及狀態表的認識

一、狀態的涵意

在介紹狀態圖 (state diagram) 與狀態表 (state table) 之前，先來認識狀態圖或狀態表中常用的圖示與代號涵意。

S_0 ：『圓圈圈』圖示代表電路的一個狀態 (state)，所以常以 "S" 來表示，但也可以是其他字母或數字編號，如 S_0、S_1、A、B、C 或 00、01、10、……等。

⟶ ：『射線』圖示代表電路狀態的轉變，在狀態圖中表示從某一狀態 (射線的起點) 變成另一狀態 (射線箭頭所指)，如 S_1 ⟶ S_2 表示在某種輸入的情況下，電路將由 S_1 狀態變為 S_2 狀態，而 S_0、B 則表示在某種輸入的情況下，電路的狀態不變。

I/O ：標示在狀態圖的圓圈圈中或射線上的數字，常以『/』符號做為區分，在其左側的數字表示輸入 (input) 訊號，而其右側的數字則表示輸出 (output) 訊號，例如：

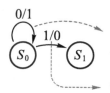

表示電路在 S_0 狀態時，若輸入訊號為 0 時，則輸出 1 的訊號，而電路仍處於 S_0 狀態。

表示電路在 S_0 狀態時，若輸入訊號為 1 時，則輸出 0 的訊號，而電路則由 S_0 狀態轉變為 S_1 狀態。

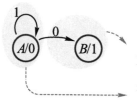

表示電路在 A 狀態時，若輸入訊號為 0 時，則輸出 1 的訊號，而電路則由 A 狀態轉變為 B 狀態

表示電路在 A 狀態時，若輸入訊號為 1 時，則輸出 0 的訊號，而電路仍處於 A 狀態。

二、狀態圖與狀態表的關係

在簡略介紹狀態圖的組成圖示與含意後，接著介紹在循序邏輯電路中與狀態圖相對應的另一種表示法──狀態表；在狀態表中，每一列 (row) 相當於循序邏輯電路的一個狀態，n 個狀態則有 n 列；在最左側的行 (column) 通常表示該列的目前狀態 (PS，Present State，簡稱現態)，而其右側的行通常表示該列在輸入訊號後的下一狀態 (NS，Next State，簡稱次態) 與輸出函數；如圖 6-22 所示可清楚描述狀態圖與狀態表的關係，即

1. 當電路在 S_0 狀態時

① 若輸入信號 $I = 0$，則輸出 0 的信號，而電路仍處於 S_0 狀態。

② 若輸入信號 $I = 1$，則輸出 0 的信號，而電路由 S_0 狀態轉變為 S_1 狀態。

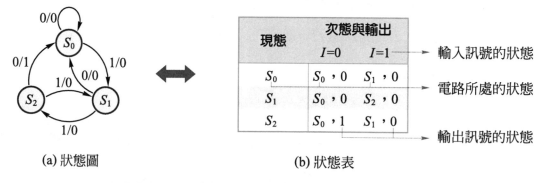

(a) 狀態圖

現態	次態與輸出	
	$I=0$	$I=1$
S_0	S_0，0	S_1，0
S_1	S_0，0	S_2，0
S_2	S_0，1	S_1，0

→ 輸入訊號的狀態
→ 電路所處的狀態
→ 輸出訊號的狀態

(b) 狀態表

現態	次態與輸出			
	$I=0$	$I=1$	$I=0$	$I=1$
S_0	S_0	S_1	0	0
S_1	S_0	S_2	0	0
S_2	S_0	S_1	1	0

→ 輸入訊號的狀態
→ 電路所處的狀態
→ 輸出訊號的狀態

(c) 狀態表(另一種表示方式)

圖 6-22 狀態圖與狀態表的關係

2. **當電路在 S_1 狀態時**

① 若輸入信號 $I = 0$，則輸出 0 的信號，而電路由 S_1 狀態轉變為 S_0 狀態。

② 若輸入信號 $I = 1$，則輸出 0 的信號，而電路由 S_1 狀態轉變為 S_2 狀態。

3. **當電路在 S_2 狀態時**

① 若輸入信號 $I = 0$，則輸出 1 的信號，而電路由 S_2 狀態轉變為 S_0 狀態。

② 若輸入信號 $I = 1$，則輸出 0 的信號，而電路由 S_2 狀態轉變為 S_1 狀態。

例題 9

嘗試描述圖 (1) 所示的狀態圖，並將其轉換為相對應的狀態表。

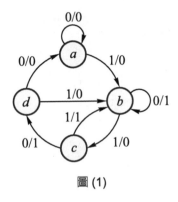

圖 (1)

解

1. 該狀態圖的描述如下：

(1) 當電路在 a 狀態時

① 若輸入信號 $I = 0$，則輸出 0 的信號，而電路仍處於 a 狀態。

② 若輸入信號 $I = 1$，則輸出 0 的信號，而電路由 a 狀態轉變為 b 狀態。

(2) 當電路在 b 狀態時

① 若輸入信號 $I = 0$，則輸出 1 的信號，而電路仍處於 b 狀態。

② 若輸入信號 $I = 1$，則輸出 0 的信號，而電路由 b 狀態轉變為 c 狀態。

(3) 當電路在 c 狀態時

 ① 若輸入信號 $I = 0$，則輸出 1 的信號，而電路由 c 狀態轉變爲 d 狀態。

 ② 若輸入信號 $I = 1$，則輸出 1 的信號，而電路由 c 狀態轉變爲 b 狀態。

(4) 當電路在 d 狀態時

 ① 若輸入信號 $I = 0$，則輸出 0 的信號，而電路由 d 狀態轉變爲 a 狀態。

 ② 若輸入信號 $I = 1$，則輸出 0 的信號，而電路由 d 狀態轉變爲 b 狀態。

2. 相對應的狀態表如下所示：

現態	次態與輸出	
	$I = 0$	$I = 1$
a	a，0	b，0
b	b，1	c，0
c	d，1	b，1
d	a，0	b，0

例題 10

嘗試描述表 (1) 所示的狀態表，並將其轉換爲相對應的狀態圖。

表 (1)

現態	次態	
	$A = 0$	$A = 1$
S_0	S_2	S_1
S_1	S_0	S_1
S_2	S_0	S_2

解

1. 該狀態表的描述如下：

(1) 當電路在 S_0 狀態時

 ① 若輸入信號 $A = 0$，則電路由 S_0 狀態轉變爲 S_2 狀態。

 ② 若輸入信號 $A = 1$，則電路由 S_0 狀態轉變爲 S_1 狀態。

(2) 當電路在 S_1 狀態時

① 若輸入信號 $A = 0$，則電路由 S_1 狀態轉變為 S_0 狀態。

② 若輸入信號 $A = 1$，則電路仍處於 S_1 狀態。

(3) 當電路在 S_2 狀態時

① 若輸入信號 $A = 0$，則電路由 S_2 狀態轉變為 S_0 狀態。

② 若輸入信號 $A = 1$，則電路仍處於 S_2 狀態。

2. 相對應的狀態圖如下所示：

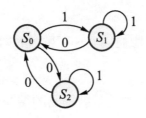

▣ 6-5　循序邏輯電路設計

常見循序邏輯電路的設計步驟如下：

1. 依題意 (文字描述)，建立狀態圖。

2. 將狀態圖轉換成狀態表。

3. 狀態表化簡 (state table reduce)。

4. 決定電路所需正反器數目 (若有 m 狀態，最少需 N 個正反器，其關係為 $2^N \geq m$)，並將每個正反器命名 (常以英文字母或數字表示)。

5. 狀態指定 (state assignment)，即將狀態表中含有字母的代號，進行二進位數值的狀態指定。

6. 選擇正反器的型式 (種類)。

7. 導出各個正反器輸入端的激勵表 (或稱為轉換表 transition table)。

8. 導出各個正反器的輸入函數 (方程式)。

9. 繪出邏輯電路圖。

以上為設計循序邏輯電路的典型步驟，做為引導初學者設計的依據；當讀者對於設計簡易的電路有了經驗之後，在設計時常常可以省略一些步驟，以加快設計的時程。

本節以介紹同步計數器的設計為主，由於計數器為一常見且簡單的循序邏輯電路，

每當時脈來臨 (觸發) 後，電路即按一定順序轉換輸出狀態。輸出狀態順序可依二進位方式計數 (有規則計數)，也可依任何其它狀態的排序來計數 (沒有規則計數)。

一、有規則的計數器

有規則的計數器就是依順序計數的計數器，大致可分為上數計數器 (計數值往向上遞增，如 0, 1, 2, 3,……) 與下數計數器 (計數值往下遞減，如 7, 6, 5, 4, ……)；以下，就讓我們一起學習如何完成同步計數器的設計，並以各種型式的正反器來組成。

例題 11

試以 JK 正反器來設計一個計數值為 0～3 循環的同步上數計數器。

解

由於 0～3 循環的同步上數計數器是較簡易的循序邏輯電路，所以，以下將省略前面某些設計步驟，採用較簡潔的方式來進行。

(1) 依題意 (計數值有 0, 1, 2, 3) 得知——電路共有 4 個狀態，設分別為 S_0、S_1、S_2、S_3，所以其狀態圖與狀態表如圖 (1) 所示。

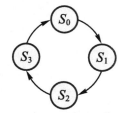

現態	次態
S_0	S_1
S_1	S_2
S_2	S_3
S_3	S_0

圖 (1)　0～3 計數器的狀態圖與狀態表

(2) 由於電路的狀態即為計數值，所以不用簡化狀態表，而每一個正反器的輸出有兩種狀況，故 $2^N \geq 4$，N 的最小值為 2，計數電路需要使用兩個正反器，分別為正反器 A 與正反器 B(設 A 為 MSB)。

(3) 設 $S_0 \sim S_3$ 的二進位內容分別為

$S_0 = 00$，$S_1 = 01$，$S_2 = 10$，$S_3 = 11$

將前述的狀態表作一轉換，如表 (1) 所示。

表 (1)　狀態表的轉換

現態	次態
S_0	S_1
S_1	S_2
S_2	S_3
S_3	S_0

$\Rightarrow$

現態		次態	
A	B	A	B
0	0	0	1
0	1	1	0
1	0	1	1
1	1	0	0

(4) 由於以 JK 正反器來設計，所以需利用如表 (2) 所示 JK 正反器的激勵表 (exciting table) 與轉換後的狀態表，來導出各個正反器輸入端的激勵表，如表 (3) 所示。

表 (2)　JK 正反器的激勵表

Q_n	Q_{n+1}	J	K
0	0	0	$\times$
0	1	1	$\times$
1	0	$\times$	1
1	1	$\times$	0

- → 當 $Q_n = 0$ 時，只要 $J = 0$，則 Q_n 的下一狀態(Q_{n+1})一定為 0
- → 當 $Q_n = 0$ 時，只要 $J = 1$，則 Q_n 的下一狀態(Q_{n+1})一定為 1
- → 當 $Q_n = 1$ 時，只要 $K = 1$，則 Q_n 的下一狀態(Q_{n+1})一定為 0
- → 當 $Q_n = 1$ 時，只要 $K = 0$，則 Q_n 的下一狀態(Q_{n+1})一定為 1

表 (3)　各個正反器輸入端的激勵表

現態		次態		正反器輸入			
A	B	A	B	J_A	K_A	J_B	K_B
0	0	0	1	0	$\times$	1	$\times$
0	1	1	0	1	$\times$	$\times$	1
1	0	1	1	$\times$	0	1	$\times$
1	1	0	0	$\times$	1	$\times$	1

- → A 由 $0 \rightarrow 0$，所以 $J_A = 0$，$K_A = \times$
- → A 由 $0 \rightarrow 1$，所以 $J_A = 1$，$K_A = \times$
- → A 由 $1 \rightarrow 1$，所以 $J_A = \times$，$K_A = 0$
- → B 由 $1 \rightarrow 0$，所以 $J_B = \times$，$K_B = 1$

(5) 將表 (3) 中『正反器輸入』的資料，依 J、K 輸入端之不同，分別依序填入卡諾圖中，簡化導出各個正反器的輸入函數。

(6) 依各個正反器的輸入函數，繪出 0 ～ 3 循環計數的電路，如圖 (2) 所示。

正反器 A　　　　　　　　　　**正反器 B**

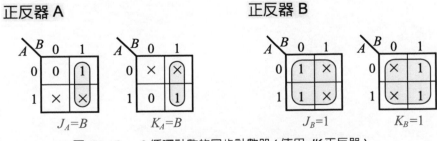

圖 (2)　0 ～ 3 循環計數的同步計數器 (使用 JK 正反器)

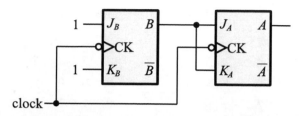

圖 (2) 0～3 循環計數的同步計數器 (使用 *JK* 正反器)(續)

例題 12

試以 *D* 型正反器來設計一個計數值為 0～3 循環的同步上數計數器。

解

(1)～(3) 同例題 1。

(4) 由 *D* 型正反器的激勵表表 (1) 與轉換後的狀態表，導出各個正反器輸入端的激勵表，如表 (2) 所示。

表 (1)　*D* 型正反器的激勵表

Q_n	Q_{n+1}	D
0	0	0
0	1	1
1	0	0
1	1	1

只要 $D=0$，則 Q_n 的下一狀態(Q_{n+1})一定為 0

只要 $D=1$，則 Q_n 的下一狀態(Q_{n+1})一定為 1

表 (2)　各個正反器輸入端的激勵表

現態		次態		正反器輸入			
A	B	A	B	S_A	R_A	S_B	R_B
0	0	0	1	0	×	1	0
0	1	1	0	1	0	0	×
1	0	1	1	×	0	1	0
1	1	0	0	0	0	0	1

A 由 0→0，所以 $S_A R_A = 0\times$

A 由 0→1，所以 $S_A R_A = 10$

A 由 1→1，所以 $S_A R_A = \times 0$

B 由 1→0，所以 $S_B R_B = 01$

(5) 由表 (2) 導出各個正反器的輸入函數。

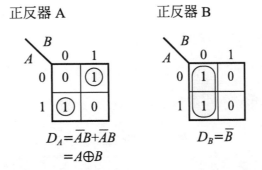

$$D_A = \overline{A}B + A\overline{B}$$
$$= A \oplus B$$

$$D_B = \overline{B}$$

(6) 繪出 0 ～ 3 循環計數的電路，如圖 (1) 所示。

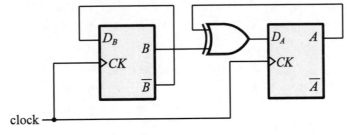

圖 (1)　0 ～ 3 循環計數的同步計數器 (使用 *D* 型正反器)

另外，由例題 1、2 的電路圖可知──同步計數器的上 / 下數與正反器的正 / 負緣觸發方式無關。

例題 13

試以 *JK* 正反器來設計一個同步下數計數器，其計數值由 0, 5, 4, 3, 2, 1 循環變化的電路。

解

(1) 依題意 (計數值有 0, 5, 4, 3, 2, 1) 得知──電路共有 6 個狀態，設分別為 S_0、S_1、S_2、S_3、S_4、S_5，所以其狀態圖與狀態表如圖 (1) 所示。

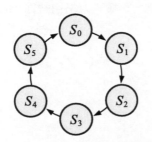

現態	次態
S_0	S_1
S_1	S_2
S_2	S_3
S_3	S_4
S_4	S_5
S_5	S_0

圖 (1)　6 模計數器的狀態圖與狀態表

(2) 由於電路的狀態即為計數值，所以不用簡化狀態表；而 $2^N \geq 6$，$N = 3$，計數電路需要使用 3 個正反器分別為正反器 A、B、C (設 A 為 MSB，C 為 LSB)。

(3) 設 $S_0 \sim S_5$ 的二進位值分別為

$S_0 = 000$，$S_1 = 101$，$S_2 = 100$，$S_3 = 011$，$S_4 = 010$，$S_5 = 001$

將前述的狀態表轉換，如表 (1) 所示。

表 (1) 狀態表的轉換

現態	次態
S_0	S_1
S_1	S_2
S_2	S_3
S_3	S_4
S_4	S_5
S_5	S_0

$\Rightarrow$ 轉換

現態			次態		
A	B	C	A	B	C
0	0	0	1	0	1
1	0	1	1	0	0
1	0	0	0	1	1
0	1	1	0	1	0
0	1	0	0	0	1
0	0	1	0	0	0

(4) 利用 JK 正反器的激勵表與轉換後的狀態表導出各個正反器輸入端的激勵表，如表 (2) 所示 (其中 "？" 號表示未定義)。

表 (2) 各個正反器輸入端的激勵表

現態			次態			正反器輸入						
A	B	C	A	B	C	J_A	K_A	J_B	K_B	J_C	K_C	
0	0	0	1	0	1	1	×	0	×	1	×	→ 填入方格編號為 0 的方格中。
1	0	1	1	0	0	×	0	0	×	×	1	→ 填入方格編號為 5 的方格中。
1	0	0	0	1	1	×	1	1	×	1	×	→ 填入方格編號為 4 的方格中。
0	1	1	0	1	0	0	×	×	0	×	1	→ 填入方格編號為 3 的方格中。
0	1	0	0	0	1	0	×	×	1	1	×	→ 填入方格編號為 2 的方格中。
0	0	1	0	0	0	0	×	0	×	×	1	→ 填入方格編號為 1 的方格中。
1	1	0	?	?	?	×	×	×	×	×	×	→ 填入方格編號為 6 的方格中。
1	1	1	?	?	?	×	×	×	×	×	×	→ 填入方格編號為 7 的方格中。

(5) 由表 (2) 導出各個正反器的輸入函數。

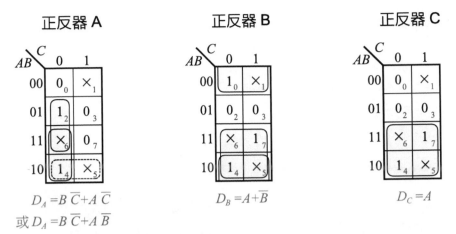

正反器 A

$$D_A = B\,\overline{C} + A\,\overline{C}$$
$$或\ D_A = B\,\overline{C} + A\,\overline{B}$$

正反器 B

$$D_B = A + \overline{B}$$

正反器 C

$$D_C = A$$

(6) 依各個正反器的輸入函數，繪出模數為 6 的同步下數計數電路，如圖 (e2) 所示。

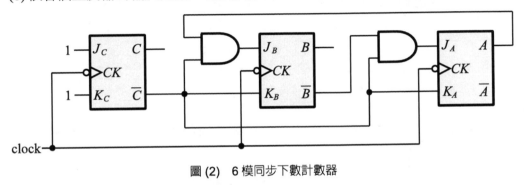

圖 (2)　6 模同步下數計數器

二、沒有規則的計數器

　　前面所介紹的範例，其計數值皆依一定順序增加 (上數) 或減少 (下數)；其實，該設計的方法亦可應用於沒有規則的計數器哦！

例題 14

試以 D 型正反器來設計一個計數值為 0, 2, 4, 7, 3 循環變化的同步計數電路。

解

由於本節已介紹多個範例，所以在設計步驟上將盡可能簡化。

(1) 依題意得知——電路共有 5 個狀態，$2^N \geq 5$，N 的最小值為 3，所以需 3 個正反器，分別為正反器 A、B、C (設 A 為 MSB，C 為 LSB)，其狀態圖 (直接以二進碼表示) 與狀態表如圖 (1) 所示。

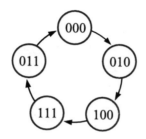

現態			次態		
A	B	C	A	B	C
0	0	0	0	1	0
0	1	0	1	0	0
1	0	0	1	1	1
1	1	1	0	1	1
0	1	1	0	0	0

圖 (1) 不規則計數器的狀態圖與狀態表

(2) 利用表 (1) 所示 D 型正反器的激勵表與圖 (1) 狀態表導出各個正反器輸入端的激勵表，如表 (2) 所示。

表 (1) D 型正反器的激勵表

Q_n	Q_{n+1}	D
0	0	0
0	1	1
1	0	0
1	1	1

表 (2) 各個正反器輸入端的激勵表

現態			次態			正反器輸入			
A	B	C	A	B	C	D_A	D_B	D_C	
0	0	0	0	1	0	0	1	0	→ 填入方格編號為 0 的方格中。
0	1	0	1	0	0	1	0	0	→ 填入方格編號為 2 的方格中。
1	0	0	1	1	1	1	1	1	→ 填入方格編號為 4 的方格中。
1	1	1	0	1	1	0	1	1	→ 填入方格編號為 7 的方格中。
0	1	1	0	0	0	0	0	0	→ 填入方格編號為 3 的方格中。
0	0	1	?	?	?	×	×	×	→ 填入方格編號為 1 的方格中。
1	0	1	?	?	?	×	×	×	→ 填入方格編號為 5 的方格中。
1	1	0	?	?	?	×	×	×	→ 填入方格編號為 6 的方格中。

(3) 由表 (2) 導出各個正反器的輸入函數。

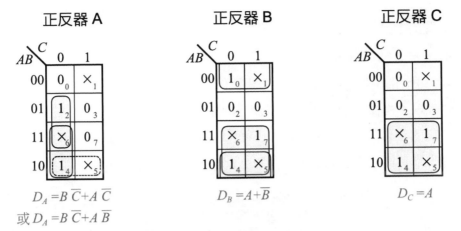

正反器 A

$$D_A = B\,\overline{C} + A\,\overline{C}$$
$$或 D_A = B\,\overline{C} + A\,\overline{B}$$

正反器 B

$$D_B = A + \overline{B}$$

正反器 C

$$D_C = A$$

(4) 依各個正反器的輸入函數，繪出計數電路如圖 (2) 所示。

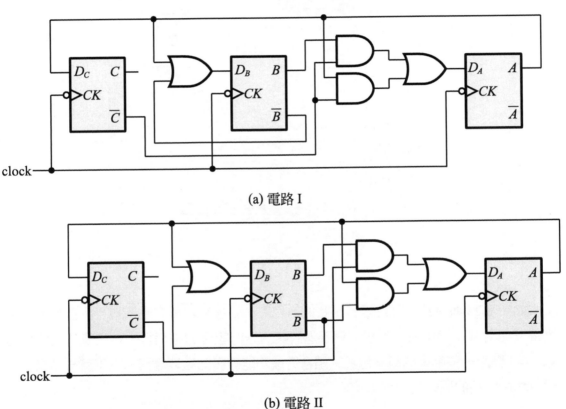

(a) 電路 I

(b) 電路 II

圖 (2)　不規則的計數器 (使用 D 型正反器)

■ 6-6 應用實例的認識

到目前為止，已經學習不少『數位邏輯』的相關知識，接下來，本小節將介紹常見的應用電路——『紅綠燈交通號誌控制器』(以下簡稱『紅綠燈』)。

如圖 6-23 所示，路口的『紅綠燈』和我們的日常生活息息相關，只要一出門就會看到路口的紅綠燈不停循環運行著，使得交通順暢；是否曾經想過----『紅綠燈』究竟是怎麼設計的？它的工作原理又是如何？以下就讓我們來進入『紅綠燈』的世界，不過，為了引起讀者的學習興趣與容易瞭解，所以在此介紹簡易的電路工作原理。

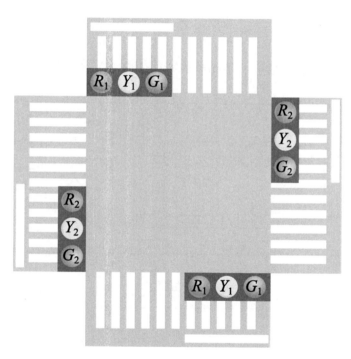

圖 6-23　路口的『紅綠燈』

如圖 6-24 所示為『紅綠燈』電路的方塊圖，看起來似乎有點深奧不太能瞭解，但其實每一方塊都是應用前面所學，只不過將其巧妙的組合起來而已，**這也是往後的學習重點——應用一些簡單的基本電路，組合完成功能較多的複雜電路**。以下就分別來一一解說方塊中電路的原理與功用：

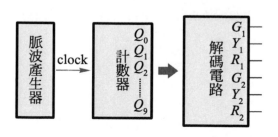

圖 6-24　『紅綠燈』電路的方塊圖

一、脈波產生器

計數器的時脈 (clock) 訊號可由 555 定時 IC 或是四隻接腳的有源晶體振盪器[註]來產生，如圖 6-25 所示為 555 無穩態振盪電路；其中圖 6-25(a) 輸出方波訊號，而圖 6-25(b) 則輸出非方波訊號，兩者對『紅綠燈』電路沒什麼差別的，只要輸出訊號的頻率相同即可。若輸出訊號的頻率較高，則『紅綠燈』燈號循環一次的時間較短，反之則長。

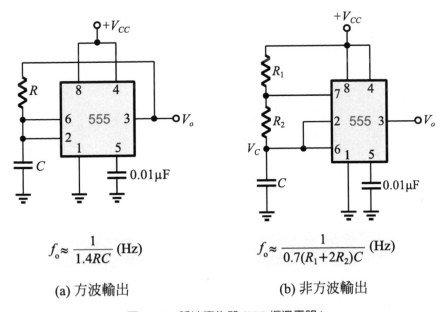

$$f_o \approx \frac{1}{1.4RC} \text{ (Hz)}$$

(a) 方波輸出

$$f_o \approx \frac{1}{0.7(R_1+2R_2)C} \text{ (Hz)}$$

(b) 非方波輸出

圖 6-25　脈波產生器 (555 振盪電路)

註：有源晶體振盪器 (請參考 8-1 節) 的輸出頻率通常以 MHz 為單位，需增加除頻電路將輸出頻率降低；不過，使用上較簡易方便，且輸出頻率較穩定。

二、環形計數器

此為紅綠燈的主體，若想更細分 (最佳化) 綠燈 (G)、黃燈 (Y) 及紅燈 (R) 動作 (亮) 的時間長短，可由此變更 (即增加環形計數器的計數模數)。

假設綠燈 (G) 亮 4 個時間單位，黃燈 (Y) 亮 1 個時間單位，而紅燈 (R) 亮 5 個時間單位，一個紅綠燈的循環 (週期) 共 10 個時間單位，故需模數為 10 的環形計數器。還記得前面小節 (8-3 節) 所介紹的『環形計數器』嗎？使用 10 個正反器即可組成 10 模 (MOD-10) 的環形計數器，如圖 6-26 所示為 10 模的環形計數電路；當啟始訊號 start 在邏輯 0 時，正反器的輸出 Q_0……Q_9 被設定為 1000000000，若 start 由 0 變成 1 之後，正反器將依時序脈波 (clock) 來觸發，輸出 Q_0……Q_9 依序轉變為 0100000000、0010000000、…、0000000010、0000000001，然後再回到 1000000000 的初始狀態，如此不斷重覆循環，如

圖 6-27 所示為 10 模環形計數器的輸出時序。

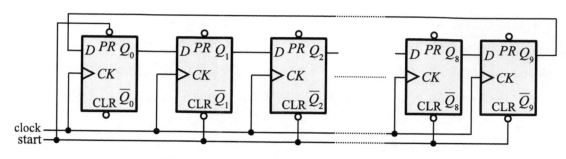

圖 6-26　10 模環形計數器 (共 10 個正反器)

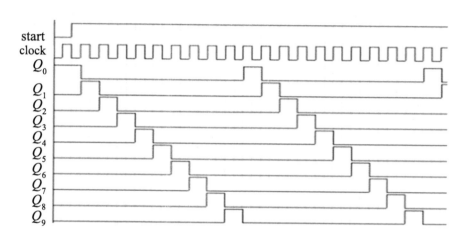

圖 6-27　10 模環形計數器的輸出時序

三、解碼電路

　　此為組合綠燈 (G)、黃燈 (Y) 及紅燈 (R) 亮的時間長短並輸出。在紅綠燈動作時間分配設定好之後，接著就是解碼與輸出；由於綠燈 (G) 亮 4 個時間單位，所以將環形計數器的輸出 Q_0、Q_1、Q_2、Q_3 作『或 (OR)』作用，即

　　綠燈 $G = Q_0 + Q_1 + Q_2 + Q_3$

而綠燈 (G) 之後，緊接著為黃燈 (Y) 亮，時間只有 1 個時間單位，所以

　　黃燈 $Y = Q_4$

在黃燈 (Y) 之後，接著當然就是紅燈 (R) 出場 (亮)，由於紅燈 (R) 亮 5 個時間單位，所以將環形計數器的輸出 Q_5、Q_6、Q_7、Q_8、Q_9 作『或 (OR)』作用，即

　　紅燈 $R = Q_5 + Q_6 + Q_7 + Q_8 + Q_9$

依據上述的輸出布林式，可以很容易繪出紅綠燈的解碼電路，如圖 6-28 所示；當讀者看到設計出的解碼電路時，或許心中會馬上出現──怎麼那麼簡單！

　　由於紅燈 (R) 輸出需要 5 輸入端的 OR 閘，所以將多餘不用的輸入端給予接地 (GND)

或者使用兩個 3 輸入端的 OR 閘來組合；另外，將環形計數器 Q_4 輸出接上緩衝器 (buffer) 作用，主要是避免推動力 (扇出 fan out) 不足，同時也具隔離前後級的功用。

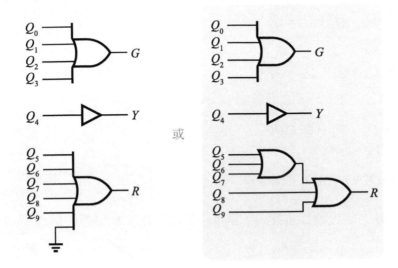

或

圖 6-28　簡易解碼輸出電路

　　上述的解碼電路，只有一組紅綠燈輸出，可是十字路口都有兩組紅綠燈輸出 (馬路通常有東西向與南北向)，這時候該怎麼辦呢？如圖 6-29 所示為常見十字路口『紅綠燈』各燈號的時序。當東西向馬路綠燈 (G_1) 或黃燈 (Y_1) 亮起的同時，南北向馬路只有紅燈 (R_2) 亮；一段時間 (5 個 clock) 之後，東西向馬路轉為只有紅燈 (R_1) 亮，同時南北向馬路只有綠燈 (G_2) 亮，再經一段時間 (4 個 clock) 之後，南北向馬路只有黃燈 (Y_2) 亮，而東西向馬路仍只有紅燈 (R_1) 亮著，如此不斷重覆循環著。

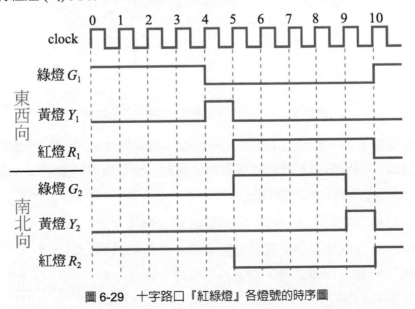

圖 6-29　十字路口『紅綠燈』各燈號的時序圖

圖中的 clock 編號由 0 開始是為了配合環形計數器的輸出編號 (Q_0、Q_1、…、Q_9) 而編設的，如此可以很容易依據各燈號的時序，列出各燈號的布林式如下：

東西向馬路

　　綠燈 $G_1 = Q_0 + Q_1 + Q_2 + Q_3$

　　黃燈 $Y_1 = Q_4$

　　紅燈 $R_1 = Q_5 + Q_6 + Q_7 + Q_8 + Q_9$

南北向馬路

　　綠燈 $G_2 = Q_5 + Q_6 + Q_7 + Q_8$

　　黃燈 $Y_2 = Q_9$

　　紅燈 $R_2 = Q_0 + Q_1 + Q_2 + Q_3 + Q_4$

　　接著，依據上述的輸出布林式，就可以很容易繪出紅綠燈的解碼電路，如圖 6-30 所示。

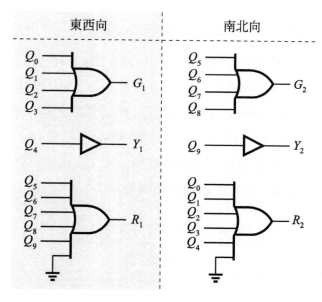

圖 6-30　十字路口『紅綠燈』的解碼輸出電路

　　上述介紹為簡易的『紅綠燈』電路工作原理，若覺得時間的分配不盡理想或不夠最佳化，只要修改環形計數器的計數模數與解碼電路 (配合環形計數器，改變 OR 閘的輸入端數目)，即可獲得滿意的理想時間。

　　另外，在環形計數器中有一啓始訊號 start 由 0 變成 1 之後，『紅綠燈』才能開始工作，實在有點麻煩，且馬路口的『紅綠燈』總不能每次停電之後，在電力恢復時，還要手動產生 start。如圖 6-31 所示，利用 RC 串聯電路，電源來臨的瞬間，電容 (C) 上的電壓為 0V(邏輯 0)，之後電容 (C) 充電至接近 V_{CC} (邏輯 1) 的電壓，如此完成自動啓始的作用。

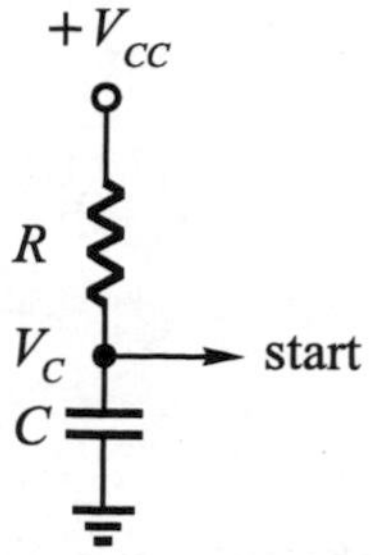

圖 6-31　RC 串聯電路

一、選擇題

____1. 如圖 (1) 所示電路，當 $R_1 = 10k\Omega$，$R_2 = 10k\Omega$，$C_1 = 0.01\mu F$ 時，則 V_o 的輸出為何？　(A) 3.76kHz 脈波　(B) 4.76kHz 脈波　(C) 5.76kHz 脈波　(D) 6.76kHz 脈波。

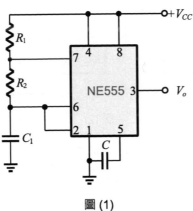

圖 (1)

____2. 欲設計一個非同步 12 模計數器，至少需要幾個正反器？

(A) 3 個　(B) 4 個　(C) 5 個　(D) 6 個。

____3. 由 8 個正反器所組成的同步式二進位計數器，可由 0 計數到最大值為多少？　(A) 127　(B) 255　(C) 511　(D) 1023。

____4. 一個同步計數器電路中，若使用 4 個 *JK* 正反器及一個 AND 邏輯閘，所有 *JK* 正反器的時脈信號連接在一起，一個 *JK* 正反器所需傳輸延遲時間為 t_f，AND 邏輯閘傳輸延遲時間為 t_g，則此同步計數器電路之最高工作頻率 f_{max} 為何？

(A) $f_{max} \le \dfrac{1}{4 \times t_f + t_g}$　　(B) $f_{max} \le \dfrac{4}{t_f + t_g}$

(C) $f_{max} \le \dfrac{1}{4 \times (t_f + t_g)}$　　(D) $f_{max} \le \dfrac{1}{t_f + t_g}$　。

本章習題

_____5. 圖 (2) 為 JK 正反器所組成的計數器，其中 V_{CC} 為電源電壓，若輸入端加 20 kHz 的方波，則輸出 B 端的信號頻率為多少？

(A) 20 kHz　(B) 10 kHz　(C) 5 kHz　(D) 2.5 kHz。

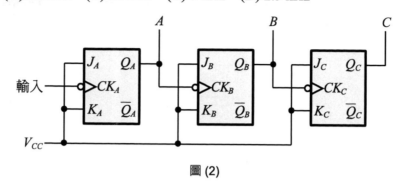

圖 (2)

_____6. 由 JK 正反器組成模數 13 之漣波計數器，若輸入為 18.2 kHz 之計時脈衝，則其輸出級 (MSB) 的輸出脈波波形為何？

(A) 頻率 1.4 kHz，工作週期 38.46%

(B) 頻率 1.4 kHz，工作週期 66.76%

(C) 頻率 18.2 kHz，工作週期 38.33%

(D) 頻率 18.2 kHz，工作週期 66.76%。

_____7. 如圖 (3) 之計數器，假設初始狀態為 000，請問計數模數為何？

(A) 4　(B) 5　(C) 6　(D) 8。

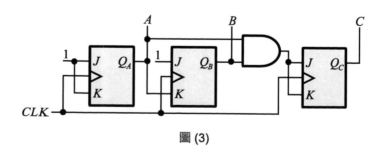

圖 (3)

_____8.　如圖 (4) 所示之電路，將 *Reset* 輸入 0 及輸入時脈信號 *CLK*，使 Q_1Q_0 輸出成為 00 後，再將 *Reset* 輸入 1。此電路在 *CLK* 驅動下，Q_1Q_0 將以下列何種順序來計數？

(A) 00 → 01 → 10 → 11

(B) 00 → 01 → 10

(C) 00 → 01 → 11

(D) 00 → 11。

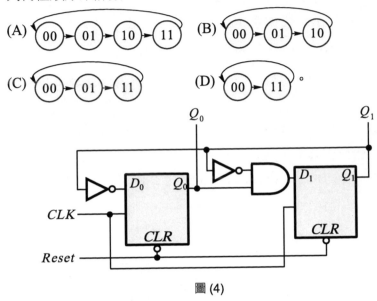

圖 (4)

_____9.　有一個邏輯電路可將頻率為 256 kHz 的輸入方波信號除頻為 1 Hz，其結構主要為使用 *D* 型正反器的 " 非同步計數器 "，其中每個 *D* 型正反器的傳遞延遲時間為 10 ns，從整體電路反應時間來看，此除頻電路正常操作的最高工作頻率為何？

(A) 80 MHz　(B) 12.5 MHz　(C) 2.56 MHz　(D) 0.390625 MHz。

_____10.　圖 (5) 是兩個正緣觸發之 *JK* 正反器所結合之循序邏輯電路，若 *AB* 狀態的初始值為 00，則下列何者為此電路之正確序向狀態圖？

(A) → 00 → 10 → 01 → 11 →

(B) → 00 → 10 → 10 → 11 →

(C) → 00 → 11 → 10 → 01 →

(D) → 00 → 01 → 11 → 10 →。

圖 (5)

_____11. 15 模之強生 (Johnson) 計數器至少需要使用幾個 *JK* 正反器來完成？
(A) 7　(B) 8　(C) 15　(D) 16。

_____12. 一個 4 位元環形計數器 (ring counter)，其輸出 $Q_3Q_2Q_1Q_0$ 之初值設為 1000，在正常運作之下，計數器的輸出不會產生下列何種狀態？
(A) 0100　(B) 0010　(C) 0001　(D) 1001。

_____13. 如圖 (6)，當 Start 信號由 "1" 變成 "0" 後，若輸入 *Clock* 的頻率為 10 kHz 之方波，下列敘述何者不正確？
(A) Q_0 輸出頻率為 2.5 kHz
(B) Q_1 輸出頻率為 2.5 kHz
(C) Q_0 輸出波型之工作週期為 50%
(D) Q_1 輸出波型之工作週期為 25%。

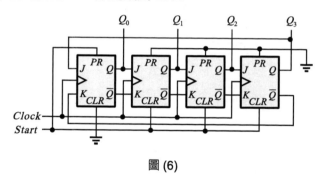

圖 (6)

_____14. 如圖 (7) 所示之計數器，若起始值 $Q_4Q_3Q_2Q_1Q_0 = 00000$，則經過幾次的時脈觸發會回到此起始值？　(A) 4　(B) 6　(C) 8　(D) 10。

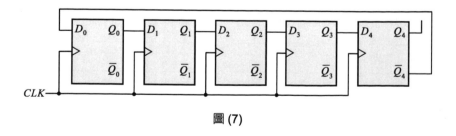

圖 (7)

_____15. 如圖 (8) 所示之計數器，其時脈 Clock 輸入頻率為 60Hz 的方波 (準位 "1" 的時間佔週期 50%)，請問 Q_A 的輸出信號為何？在每個週期輸出信號中，準位 "1" 的時間所佔之百分比又為何？

(A) 頻率為 20Hz，準位為 "1" 的時間佔一個週期的 25%

(B) 頻率為 15Hz，準位為 "1" 的時間佔一個週期的 50%

(C) 頻率為 15Hz，準位為 "1" 的時間佔一個週期的 25%

(D) 頻率為 30Hz，準位為 "1" 的時間佔一個週期的 66%。

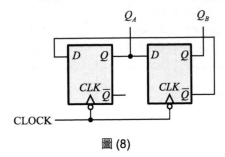

圖 (8)

_____16. 如圖 (9) 中的環狀計數器，一開始由 *RST* 信號重置計數器，重置之後 *RST* 維持低準位，接到 *B* 之 *D* 型正反器輸出皆為 0。若 *X* 表示為 7485 的 *A* 輸入，同時 X_3 為最高位元，且 A_3 與 B_3 亦為最高位元，請問下列敘述何者正確？

(A) 若 $X = 9$，經過五個時脈週期後，7485 的輸入 $B = 7$

(B) 若 $X = 5$，經過四個時脈週期後，7485 的輸入 $B = 7$

(C) 若 $X = 9$，經過四個時脈週期後，7485 的輸入 $B = 14$

(D) 若 $X = 5$，經過四個時脈週期後，7485 的輸入 $B = 14$。

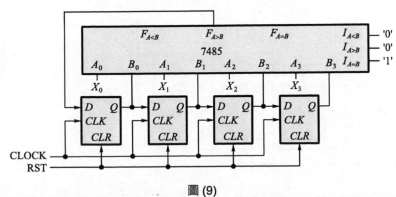

圖 (9)

____17. 圖 (10) 為一循序邏輯電路,關於其功能敘述,下列何者正確?

(A) 此電路屬於偶數模強森計數器 (Johnson Counter)

(B) 此電路屬於奇數模強森計數器 (Johnson Counter)

(C) 此電路可能輸出的 $D_0D_1D_2D_3$ 序列為 0001 → 0011 → 0111

(D) 此電路可能輸出的 $D_0D_1D_2D_3$ 序列為 1000 → 0100 → 0010。

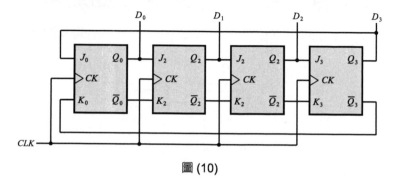

圖 (10)

____18. 如圖 (11) 所示,該電路為使用 D 型正反器與 7447 IC 設計之邏輯電路,接腳信號如圖所示,在 CLR 信號由 0 轉換為 1 後,再將 PR 信號由 0 轉換為 1,請問共陽七段顯示器顯示的數字變化過程為何?

(A) 1 → 2 → 4 → 8 → 1 → 2 → 4 → 8 → ...

(B) 0 → 1 → 2 → 4 → 8 → 0 → 1 → 2 → 4 → 8 → ...

(C) 2 → 4 → 6 → 8 → 2 → 4 → 6 → 8 → ...

(D) 1 → 2 → 3 → 4 → 5 → 6 → 7 → 1 → 2 → 3 → ...。

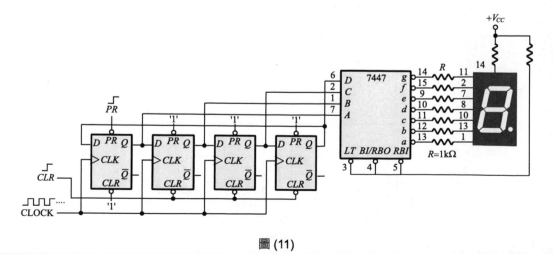

圖 (11)

_____*19.* 如圖 (12) 所示邏輯電路，若時脈信號 CLOCK 為 36 kHz 方波且初始條件
$A = 1$、$B = 0$、$C = 1$，則 A 輸出端頻率為多少？

(A) 18 kHz　(B) 12 kHz　(C) 9 kHz　(D) 6 kHz。

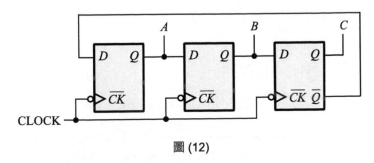

圖 (12)

_____*20.* 圖 (13) 為某數位邏輯電路狀態機，圖中 S_0 至 S_4 表示狀態，X/Y 代
表外部輸入 X 時電路輸出 Y。若起始狀態為 S_0，將二進制數字
000000000010010，由最高位元開始依序輸入，直至最低位元輸入完畢
為止。請問此邏輯電路會停留在哪一個狀態以及最後輸出為何？

(A) 狀態停留在 S_0，輸出為 0　　(B) 狀態停留在 S_1，輸出為 1

(C) 狀態停留在 S_2，輸出為 0　　(D) 狀態停留在 S_3，輸出為 1。

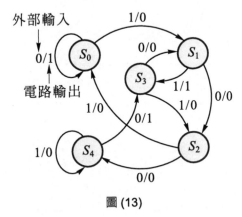

圖 (13)

本章習題

二、設計與繪圖題

1. 試分別以 *RS* 正反器及 *JK* 正反器、*D* 型正反器來設計一個計數值為 0, 1, 2 循環變化的同步除 3 電路。

2. 試分別以 *D* 型正反器與 *JK* 正反器來設計一個計數值為 7 ～ 0 的同步下數計數器。

3. 試以 *JK* 正反器來設計一個計數值為 0, 2, 4, 3, 6, 7 循環變化的電路。

4. 試畫出圖 (14) 之狀態圖 (假設初始之狀態值 $ABC = 000$)。

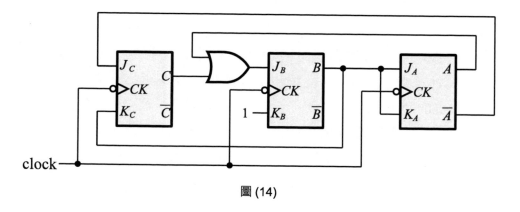

圖 (14)

國家圖書館出版品預行編目資料

數位邏輯設計 / 黃慶璋, 吳明順編著. -- 六版. --
  新北市 : 全華圖書股份有限公司, 2023.03
    面 ;   公分
  ISBN 978-626-328-414-2(平裝)

  1.CST: 積體電路 2.CST: 設計

448.62   112002677

數位邏輯設計

作者 / 黃慶璋、吳明順

發行人 / 陳本源

執行編輯 / 葉書瑋

出版者 / 全華圖書股份有限公司

郵政帳號 / 0100836-1 號

印刷者 / 宏懋打字印刷股份有限公司

圖書編號 / 0526305

六版一刷 / 2023 年 05 月

定價 / 新台幣 400 元

ISBN / 978-626-328-414-2(平裝)

全華圖書 / www.chwa.com.tw

全華網路書店 Open Tech / www.opentech.com.tw

若您對本書有任何問題，歡迎來信指導 book@chwa.com.tw

臺北總公司(北區營業處)
地址：23671 新北市土城區忠義路 21 號
電話：(02) 2262-5666
傳真：(02) 6637-3695、6637-3696

南區營業處
地址：80769 高雄市三民區應安街 12 號
電話：(07) 381-1377
傳真：(07) 862-5562

中區營業處
地址：40256 臺中市南區樹義一巷 26 號
電話：(04) 2261-8485
傳真：(04) 3600-9806(高中職)
      (04) 3601-8600(大專)

歡迎加入 全華會員

●會員享享

會員享購書折扣、紅利積點、生日禮金、不定期優惠活動…等。

●如何加入會員

掃 QRcode 或填妥讀者回函卡直接傳真 (02) 2262-0900 或寄回，將由專人協助登入會員資料，待收到 E-MAIL 通知後即可成為會員。

如何購買 全華書籍

1. 網路購書

全華網路書店「http://www.opentech.com.tw」，加入會員購書更便利，並享有紅利積點回饋等各式優惠。

2. 實體門市

歡迎至全華門市（新北市土城區忠義路 21 號）或各大書局選購。

3. 來電訂購

(1) 訂購專線：(02) 2262-5666 轉 321-324
(2) 傳真專線：(02) 6637-3696
(3) 郵局劃撥（帳號：0100836-1　戶名：全華圖書股份有限公司）
※ 購書未滿 990 元者，酌收運費 80 元。

OpenTech 全華網路書店 .com.tw

全華網路書店 www.opentech.com.tw
E-mail: service@chwa.com.tw

※ 本會員制如有變更則以最新修訂制度為準，造成不便請見諒。